高等职业教育计算机类专业系列教材

Java程序设计项目化教程

陆剑锋　汪锦洲　编著

机械工业出版社

本书内容以JDK1.8、Eclipse和MySQL为开发环境,与最新的Java开发技术保持一致。

本书通过8个基本项目和1个综合实训项目,介绍Java语言的语法知识、常用类、程序设计相关知识和技术。每个基本项目相对独立、完整,分为若干个任务来完成,围绕具体的任务介绍相关的理论知识,并进行应用分析,有利于读者更好地理解、掌握课程知识;综合实训项目中的3个任务可以加深读者对课程知识与能力的全面理解、把握。考虑到职业教育的特征,本书的理论知识以实用、够用为主,不追求面面俱到。

本书适合作为高职高专院校计算机及相关专业的教材或参考书,也可作为编程爱好者的自学资料。

本书配有电子课件、源代码、习题参考答案,选用本书作为教材的教师可以从机械工业出版社教育服务网(www.cmpedu.com)免费注册下载或联系编辑(010-88379194)咨询。

图书在版编目(CIP)数据

Java程序设计项目化教程/陆剑锋,汪锦洲编著. —北京:机械工业出版社,2018.7(2022.1重印)
高等职业教育计算机类专业系列教材
ISBN 978-7-111-60379-5

Ⅰ. ①J… Ⅱ. ①陆… ②汪… Ⅲ. ①JAVA语言—程序设计—高等职业教育—教材
Ⅳ. ①TP312.8

中国版本图书馆CIP数据核字(2018)第146535号

机械工业出版社(北京市百万庄大街22号 邮政编码100037)
策划编辑:李绍坤　　责任编辑:李绍坤　王　荣
责任校对:马立婷　　封面设计:鞠　杨
版式设计:鞠　杨　　责任印制:常天培
固安县铭成印刷有限公司印刷
2022年1月第1版第4次印刷
184mm×260mm・12.75印张・307千字
标准书号:ISBN 978-7-111-60379-5
定价:43.00元

电话服务　　　　　　　　网络服务
客服电话:010-88361066　机 工 官 网:www.cmpbook.com
　　　　　010-88379833　机 工 官 博:weibo.com/cmp1952
　　　　　010-68326294　金 书 网:www.golden-book.com
封底无防伪标均为盗版　机工教育服务网:www.cmpedu.com

前言 PREFACE

根据网络调查统计资料显示，Java语言是近年来最流行的程序设计语言之一，其应用领域广泛，具有简单性、面向对象、跨平台、可移植等特点，得到越来越多软件设计专业人员的青睐。

对于计算机专业及相关专业的学生而言，Java程序设计课程也是后续课程（如JSP程序设计、JavaEE系统开发）的基础。学好这门课程是今后从事与Java相关的系统设计、软件开发、测试与维护的必备条件。

与其他程序设计语言一样，学好Java语言的基础是理解、灵活运用语言的基础语法，同时具有分析、设计简单问题算法的能力。为了能够更好地让读者在实际项目任务中学习、理解语法和相关理论知识，本书将课程的知识内容打散，按不同项目任务重新组织。对于项目任务中的一些主要问题，从算法的分析、设计入手，给出解题思路，然后转化为程序代码，重点训练读者的语言应用和编程能力。

考虑到职业教育的特征，本书的理论知识以实用、够用为主，不追求面面俱到。本书设计了8个基本项目和1个综合项目。基本项目围绕最简单的应用程序开发、数据类型与计算、程序结构控制、数组应用、文字处理、类设计与应用、图形界面设计与事件处理、异常处理、输入输出流、网络通信以及多线程等知识点的应用，介绍Java语言的语法、常用类、程序设计相关知识和技术。每个基本项目相对独立、完整，分为若干个任务来完成，有相关的理论知识介绍，有知识的应用分析，有具体的任务实施步骤和关键代码，有利于读者更好地理解、掌握课程知识。综合实训项目分为3个任务，可以加深读者对课程知识与能力的全面理解、把握，可用于课程结束前的综合训练。

本书建议安排72学时，其中，项目9综合实训可作为学生课余实训任务。具体分配如下：

项 目	动手操作学时	理 论 学 时
项目1 HelloWorld 程序	2	2
项目2 圆的相关计算	2	4
项目3 方程求解	4	2
项目4 查找质数	4	2
项目5 数据查找	4	2
项目6 字符串处理	4	2
项目7 简单的文本编辑器	10	8
项目8 聊天程序	12	8
项目9 综合实训	—	—

本书是泰州职业技术学院江苏省示范高职院校建设项目成果之一，也是江苏省高水平骨干专业建设项目（计算机应用技术专业）成果之一、江苏省产教深度融合实训平台项目（企业信息化与通信工程）成果之一。

本书由泰州职业技术学院陆剑锋和汪锦洲编著。

由于编者水平有限，书中难免存在错误或不足之处，欢迎广大读者批评指正。

编 者

目录 CONTENTS

前言

项目1　HelloWorld程序　1
任务1　配置Java开发环境　2
任务2　创建Java Project项目　5
任务3　调试运行　10
项目总结　11
练习　11

项目2　圆的相关计算　12
任务1　算法分析　13
任务2　定义常量与变量　14
任务3　接收键盘输入的数据　18
任务4　计算并输出结果　19
项目总结　25
练习　25

项目3　方程求解　26
任务1　分支结构流程控制　27
任务2　一元一次方程求解　32
任务3　一元二次方程求解　33
项目总结　36
练习　37

项目4　查找质数　38
任务1　输出连续多个自然数　39
任务2　质数判断　43
任务3　输出1000以内的所有质数　47
项目总结　48

练习　48

项目5　数据查找　50
任务1　输出多个随机数中的最大值　51
任务2　排序　54
任务3　数据插入与删除　57
任务4　数据查找　59
任务5　行列式计算　61
项目总结　62
练习　62

项目6　字符串处理　63
任务1　四则运算式计算　64
任务2　词频统计　68
任务3　单词提取　69
项目总结　74
练习　74

项目7　简单的文本编辑器　75
任务1　自定义类　76
任务2　文件操作与读写　87
任务3　设计文本编辑器界面　97
任务4　事件处理与功能实现　111
任务5　字体设置功能　120
项目总结　129
练习　129

项目8　聊天程序　130
任务1　用户信息在数据库中的读写　131

任务2	用户业务规范	135
任务3	多线程编程	143
任务4	点对点的信息收发	149
任务5	基于服务器的多人聊天功能设计	156
项目总结		172

练习		172
项目9	综合实训	173
任务1	设计简单的计算器	174
任务2	设计简单的抽奖程序	179
任务3	设计俄罗斯方块游戏程序	185
参考文献		195

项目 1 HelloWorld 程序
PROJECT 1

 项目概述

对于编程语言的学习,几乎都是从 "Hello World" 程序入手。这个程序输出 "Hello World" 问候语。通过这个程序的设计、运行,读者可以初步接触 Java 程序的开发过程,了解 Java 程序的基本结构和运行原理,掌握开发环境的安装与配置。

 项目分析

Java 开发环境需要安装并配置 JDK(Java Development Kit,Java 开发工具包)。JDK 的配置一般包括两个系统环境变量:Path 和 ClassPath,分别用于指明 JDK 中常用工具和基本类库的位置。

Eclipse 是流行的 Java 集成开发工具之一,集 Java 项目创建、源程序编辑、调试运行、项目管理等多项功能于一体,能够极大地提高开发效率。

Java 程序的开发过程一般有:创建项目、创建类(编辑源程序)、调试运行、发布等。

 知识与能力目标

- Java 开发环境的配置。
- Java 应用程序的结构与基本语法。
- Java 应用程序开发的基本步骤。
- Java 应用程序运行原理。

任务 1 配置 Java 开发环境

 知识准备

1. Java 语言的版本

Java 语言是目前应用最广泛的语言之一。TIOBE 编程语言排行榜的报告显示,近年来 Java 语言与 C 语言交替处于全球程序设计语言排行榜的冠亚军位置。

Java 按其应用领域,可分为 3 个不同版本:

1) Java SE(Java Standard Edition)标准版,用于普通应用的开发(如桌面程序、C/S 结构的系统),也是另外两个版本的基础。

2) Java EE(Java Enterprise Edition)企业版,用于企业级平台或应用的开发,如 B/S 结构的系统。

3) Java ME(Java Micro Edition)微型版,用于小型智能终端的应用开发,如手机、平板等设备的应用软件。

Java SE 所开发的应用又可分为 Application 和 Applet 两类,其中前者就是可以直接运行于 Windows 等操作系统上的程序,后者是需要嵌入到网页中运行的 Java 小程序。由于多方面的因素,对于 Applet 的运用已经越来越少,所以本书只讨论 Application 的开发内容,如果没有特别说明,以后所指的程序都是 Application。

2. Java 语言的主要特点

1) 简单性。Java 语言的简单性,一是指 Java 语言所编写的程序体积小,能够在微小型设备上运行;二是指与 C 或 C++ 相比,Java 没有结构、运算符重载、指针及指针运算等内容。虽然 Java 中没有指针的概念及相关运算,但对于对象的引用依然与指针的特性相同,对象变量中存放的值其实就是一个对象在内存空间的地址。

2) 面向对象。面向对象编程(Object Oriented Programming,OOP)将程序需要处理的目标以对象的形式来看待,更加接近于对实际世界的认知,使得程序设计人员可以将注意力放在需要解决的问题本身。

3) 健壮性。由于没有了指针的概念和相关运算,所以不会出现由于指针指向错误而导致的内存访问错误。另外,Java 语言还提供了强大的异常处理机制,以便在程序运行出现错误时尽可能地减少损失。

4) 可移植性。对于不同的平台,Java 语言的数据类型有相同的特性,比如 int 类型永远都是占用 4 字节(32 位),字符串使用 Unicode 编码,使得 Java 程序可以不加修改地运行于不同的系统。

5) 多线程机制。多线程机制使得程序可以同时完成多个不同的任务,充分利用系统的硬件资源(如多个 CPU)。

6) 解释运行。Java 虚拟机(Java Virtual Machine,JVM)从字节码文件中逐条取出指令,解释成目标机器的指令,交给目标机器系统执行。

任务实施

Java 应用程序开发至少应包含 Java 语言环境支持和开发工具两部分。其中，前者是由 Oracle 公司提供的 JDK（Java Development Kit）；后者可以选择 Eclipse、JBuilder，甚至是记事本程序，本书采用 Eclipse。

（1）下载、安装 JDK

JDK 是 Java 语言的开发工具包，是开发 Java 程序所必需的软件环境，包含编译（javac.exe）、运行（java.exe）、文档生成（javadoc.exe）等命令工具以及类库。

1）下载。通过浏览器访问 Oracle 公司提供的 JDK 下载页面：

http://www.oracle.com/technetwork/java/javase/downloads/，根据不同的操作系统，选择页面中对应的下载链接。截至 2017 年底，JDK 的最新版本为 9.0.1。

2）安装。运行下载的 JDK 安装包（可执行文件），按照提示完成安装，默认安装位置为 Program Files\Java\。

JDK 安装结束时，可以选择安装 JRE（Java Runtime Environment）。JRE 是 Java 程序的运行环境，包括 Java 虚拟机（JVM）和类库等。

JDK 安装完成后，其目录结构如图 1-1 所示。

其中，bin 文件夹包含了诸如 javac.exe、java.exe、javadoc.exe、appletviewer.exe 等开发运行工具，jre 文件夹包含了 Java 程序的运行环境。

通过 DOS 命令行，在 bin 目录位置下输入"java –version"命令，如果看到如图 1-2 所示的结果，则表示 JDK 安装成功。

图 1-1　JDK 目录结构

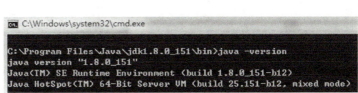

图 1-2　JDK 命令测试

3）配置。为了在计算机的任何目录位置都能直接运行 JDK 中的命令、使用系统的类库，在安装完成后，还需要对系统配置 PATH 和 CLASSPATH 两个系统变量。

① 打开系统的"环境变量"对话框。以 Windows 7 操作系统为例，在"开始"菜单中用鼠标右键单击"计算机"项，选择快捷菜单中的"属性"命令，在出现"系统"窗口后，按图 1-3 所示的步骤，向 Path 的变量值末尾添加"; C:\Program Files\Java\jdk1.8.0_151\bin"（其中 C:\Program Files\Java\jdk1.8.0_151 是 JDK 的安装路径，注意不要漏掉最前面的分号），单击"确定"按钮即可完成 PATH 变量的设置。

② 单击"环境变量"对话框中下方的"新建"按钮，在弹出的"新建系统变量"对话

框中输入变量名为"CLASSPATH",变量值为"C:\Program Files\Java\jdk1.8.0_151\lib\dt.jar;C:\Program Files\Java\jdk1.8.0_151\lib\tools.jar",单击"确定"按钮即可完成 CLASSPATH 变量的设置。

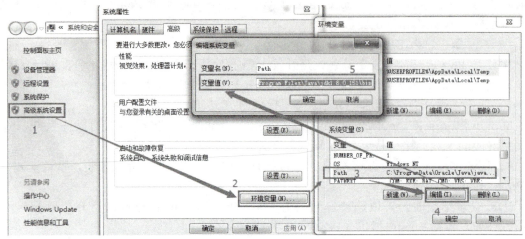

图 1-3 设置 PATH 变量的步骤

(2) 下载、安装 Eclipse

Eclipse 是一个基于 Java、开放源代码的、可扩展的应用开发平台,为 Java 编程人员提供了良好的集成开发环境。Eclipse 的工作窗口界面如图 1-4 所示。

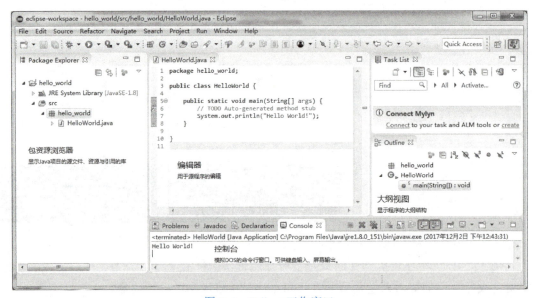

图 1-4 Eclipse 工作窗口

1)下载。通过浏览器访问 Eclipse 的下载页面 https://www.eclipse.org/downloads/,根据需要选择下载安装文件或压缩文件。

2)安装。如果下载的是安装文件(exe 文件),则运行它并按照提示即可完成 Eclipse 的安装过程。如果下载的是压缩文件,则将它解压缩到指定位置即可,其中的 eclipse.exe 即是开发环境的运行程序。

任务 2　创建 Java Project 项目

知识准备

Java 语言的基本语法如下。

1）语句。Java 语言中的语句执行一个明确的操作，使用分号（;）结尾，如 package 语句"package ljf.helloworld;"，方法调用语句"System.out.println("Hello World!");"。注意：package 语句应该是一个文件中的第一条语句。

2）标识符。类、方法的名字都属于标识符。标识符的命名规则：以字母（可以是不同国家的语言文字，如汉字）、下画线（_）、美元符号（$）开头，后边跟上字母、下画线、美元符号、数字的字符序列，区分大小写，同一作用域范围内不可重名，且不得与 Java 语言中的关键字重名。

关键字在 Java 语言中具有特定含义，全部都用小写字母表示，如 public、package、class、static、void、abstract、break、byte、boolean、catch、case、char、continue、default、double、do、else、extends、false、final、finally、float、for、if、import、implements、int、interface、instanceof、long、native、new、null、private、protected、return、switch、synchronized、short、super、this、try、true、throw、throws、transient、while。

Java 语言还有一些非强制性的约定，以增强代码的可读性。类的名字采用大驼峰法，即名字中每个单词的首字母都大写，如 HelloWorld、System、String（System 类和 String 类都是 Java 语言预定义的类，程序中可直接使用，位于 java.lang 包中，它由 rt.jar 提供）；变量（属性）、方法、方法的参数的名字采用小驼峰法，即第一个单词全部小写，其后每个单词首字母大写，如 main、out、println、args、readLine（out 是 System 类的一个属性，而 println 又是 out 的一个方法）；常量一般都使用大写字母表示，如 PI，若有多个单词则使用下画线分隔，如 MAX_VALUE。

3）成员访问符。使用成员访问符 . 来使用一个类或对象的成员。成员包括属性和方法两种，如 System.out.println();。

4）字符串常量。字符串常量是使用双引号（" "）给出的字符序列，它除了表示文字内容外，没有其他任何语义，如"Hello World!"。

5）注释。程序中的注释是为了增强代码的可读性，注释的内容不会影响程序的功能。Java 语言中的注释包含单行注释、多行注释和文档注释 3 种。

单行注释以双斜杠（//）开头，表示本行 // 后边的内容为注释。例如：

　　System.out.println("Hello World!");// 输出文字

多行注释使用 /* */ 给出，可以分若干行书写，中间不能含有 */。例如：

　　/*
　　* 输出问候语
　　*/
　　System.out.println("Hello World!");

文档注释使用 /** */ 给出，供"javadoc.exe"命令生成 API 文档，一般应用于书写类或方法的帮助信息。例如：

```
/**
 * @author ljf
 * 此类包含一个 main 方法，功能是输出 Hello World！
 */
public class HelloWorld {…
```

任务实施

一个 Java Project 即是一个 Java 应用程序，它包含了程序的源代码、资源（如图标文件）、类库的引用等。

（1）创建 HelloWorld 项目

1）启动 Eclipse。首次启动 Eclipse 时，会出现如图 1-5 所示的对话框，询问保存 Eclipse 个性设置和项目（Project）文件的工作空间（Workspace）位置。如果不想以后启动 Eclipse 时再次出现此对话框，则可以选中下方的"Use this as the default and do not ask again"选项。

2）新建 Java Project。通过 Eclipse 的 File 菜单（或包资源浏览器中的快捷菜单）选择"New"→"Java Project"命令，弹出如图 1-6 所示的对话框，输入项目的名称（本次任务中输入 hello_world），其余选项不做修改，直接单击"Finish"按钮即完成项目基本框架的创建。

此时可以在包资源浏览器中查看该项目。单击项目名称左侧的三角形小图标，可以展开该项目，以文件（夹）的形式浏览项目中的资源。其中：

① JRE System Library 文件夹中的文件是系统的类库文件，包含了程序运行所必需的若干 jar 包。

② src 文件夹用于放置源程序，所编写的源程序都应该保存在 src 文件夹中。

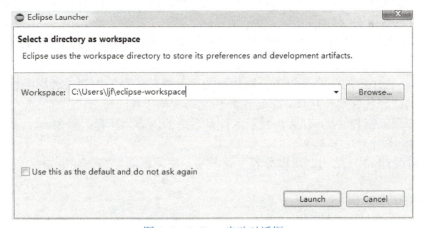

图 1-5　Eclipse 启动对话框

图 1-6　New Java Project 对话框

（2）创建 Package

所有源程序放置在 src 文件夹下，还可以借助 Package（包）来进行分类管理。包就相当于文件夹（可以含有多层），比如 java.lang，其实就是 java\lang 文件夹。包的名称一般使用小写字母，各个层次之间使用小数点（.）分隔。包的命名一般具有特定的含义，其结构为"公司（或个人）名称.项目名称.模块名称"，如 com.sun.rowset、com.oracle.net 或 ljf.helloworld。

在 File 菜单中选择"New"→"Package"命令，或单击工具栏中的 按钮，出现如图 1-7 所示的对话框，输入包的名称，如 ljf.helloworld，单击"Finish"按钮。此时会在包资源浏览器中 src 文件夹下看到新建的包 ljf.helloworld 。

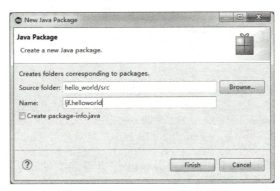

图 1-7　New Java Package 对话框

（3）创建 class

Java 程序的基本单位是类（class），一个程序可以由一个或多个类组成，每个类可以放置在指定的包（package）中。

类在定义时可以使用 public 来修饰，表示它是公用类（可供其他包或其他程序使用）。如果一个类使用 public 修饰，则它必须保存在与类名相同的文件中，且扩展名应该为 .java。比如，这个项目中 HelloWorld 类的源程序文件名应为 HelloWorld.java，否则会出现语法错误，错误提示为 "The public type HelloWorld must be defined in its own file"。

Java 程序的运行入口为 main 方法，一个程序中至少要有一个类含有 main 方法。程序运行时，会依次执行 main 方法中的所有语句，执行完毕后，程序终止。在一个程序中，可以有多个类都含有 main 方法，但是运行程序前必须指定运行哪个类中的 main 方法。

1）创建类。

在 File 菜单中选择"New"→"Class"或单击工具栏中的 按钮，在出现如图 1-8 所示的对话框中：

① 选择新创建的类源代码文件存放的位置（Source Folder），一般不作修改。
② 确定源代码文件存放的包，本任务中输入上一步骤中创建的包 ljf.helloworld。
③ 输入新建类的名字（本任务中输入 HelloWorld）。
④ 选中"public static void main(String[] args)"选项。
⑤ 单击"Finish"按钮，即完成了一个类的框架创建。

图 1-8　New Java Class 对话框

此时，可以在包资源浏览器中 ljf.helloworld 包里看到类的源程序文件 HelloWorld.java，Eclipse 在编辑器视图中自动打开了该源程序，如图 1-9 所示。

```
HelloWorld.java ⊠
1  package ljf.helloworld;
2
3  public class HelloWorld {
4
5      public static void main(String[] args) {
6          // TODO Auto-generated method stub
7
8      }
9
10 }
```

图 1-9　新建的 HelloWorld.java 类代码

图 1-9 中出现的 10 行代码都是 Eclipse 软件帮助用户自动创建的。其中：

① 第 1 行中使用 package 语句指定了 HelloWorld 类所放置的包。

② 第 3 行使用 class 关键字定义了一个名为 HelloWorld 的类。这一行可以称为"类头部"，它给出了类的描述信息，前边使用了 public 修饰符。

③ 类头部的后边使用一对花括号来给出类的主体部分（类体，即第 4～10 行）。

④ 第 5 行（处于类体中）定义了一个方法 main。这一行可以称为"方法头部"，它给出了方法的描述信息，前面使用 public static void 3 个关键字修饰，后边使用一对圆括号给出参数的类型和名字。

⑤ 方法头部后边使用一对花括号给出方法的主体部分（方法体，即第 6～8 行）。

⑥ 第 6 行的内容以 // 开头，在 Java 语言中表示注释内容，对程序的功能没有任何影响。

2）完善类的功能。System.out 的 println（内容）方法在输出内容后，会立即输出一个换行符号，所以下一次输出的内容将会出现在新的一行中。一个空的 println() 方法调用会输出一个换行符号。如果不希望输出内容后换行，则可以使用 print（内容）方法。

在编辑器视图中，将光标定位在 main 方法体中，输入一行语句：

System.out.println("Hello World!");

HelloWorld.java 的完整代码如下：

package ljf.helloworld;
public class HelloWorld {
  public static void main(String[] args) {
    // **TODO** Auto-generated method stub
    System.**out**.println("Hello World!");
  }
}

小提示

Eclipse 具有代码补全功能。除了在新建类的对话框中选择自动添加 main 方法外，还可以手工输入 main 方法，更加简捷的方式是在类体中输入 main，然后按组合键 <Alt+/>，借助代码补全功能来自动添加。用键盘输入 System.out.println() 既耗时又容易出错，借助代码补全功能的办法是：输入 sysout，然后按 <Alt+/>，即可自动输入 System.out.println()，剩下的工作就是把需要输出的内容填入到 () 中。选择 Eclipse 的"Window"→"Preferences"命令，在弹出的"Preferences"对话框中，选择"General/Keys"即可设置或查看包括代码补全功能在内的各种操作的快捷键。

注意：书写程序时请注意使用正确的缩进格式，以增强可读性。可以使用 Eclipse 菜单 Source 中的 Format 工具快速进行格式化，快捷键为 <Ctrl+Shift+F>。

任务 3 调试运行

知识准备

以 HelloWorld 程序为例，Java 程序从输入到运行的完整过程如图 1-10 所示。

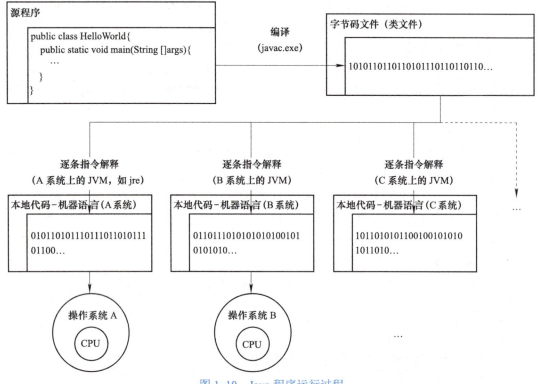

图 1-10 Java 程序运行过程

1）编辑。创建源程序，因为 Java 源程序是文本格式的，所以使用任何文本编辑器（如 Windows 操作系统自带的记事本、Eclipse 等）都可以创建、编辑源程序。编写源程序时，不需要考虑程序的目标运行环境。源程序文件的扩展名应该为 .java。

2）编译。借助编译工具（如 javac.exe）将源程序转换为一个中间产物，称为字节码文件或类文件，扩展名为 .class。这个中间产物依然与程序的目标运行环境无关，它使用二进制格式。源程序中每个类都会有一个对应的字节码文件，其存放的位置取决于定义类时的 package 语句。

3）解释运行。在某种特定的系统上运行 Java 程序时，需要有支持该系统的 JVM（Java 运行环境）。不同系统上的 JVM 能够将相同的字节码文件解释为本系统能够识别并运行的指令代码，然后交由操作系统执行。正是这个运行机制，实现了 Java 语言的平台无关性。

任务实施

将源程序保存后，在 Run 菜单中选择"Run As"→"Java Application"命令或单击工具栏中的 ⊙ 按钮，就会自动完成源程序的编译、解释、运行过程，并在控制台视图中输出运行结果，如图 1-11 所示。

图 1-11　HelloWorld 类运行结果

项目总结

本项目是学习 Java 语言所接触的第一个项目，项目中经历了开发环境的配置、简单 Java 程序（Project）的创建以及调试运行等过程，对 Java 应用程序的结构、基本语法和运行原理有了初步认识。

练习

1）Java 源程序文件扩展名为＿＿＿＿＿，编译后生成的类文件扩展名为＿＿＿＿＿。
2）安装 JDK 后一般应配置的两个系统环境变量为＿＿＿＿＿和＿＿＿＿＿。
3）Java 程序中一条语句的结束处应使用符号＿＿＿＿＿。
4）System 类和 String 类都是系统的＿＿＿＿＿包中定义的，程序中可以直接使用。
5）Java 程序中使用符号＿＿＿＿＿表示单行注释。
6）参照 HelloWorld 项目，编写程序输出自己的姓名。
7）通过 Windows 资源管理器，找到上题中所编写的程序，分析其目录结构以及它与 Eclipse 包资源浏览器中显示的文件的对应关系。

项目 2　圆的相关计算

项目概述

数据处理是程序的基本功能。本项目要求程序从键盘接收用户输入的一个数据,作为圆的半径,通过公式计算圆的面积和周长。

项目分析

圆的面积计算公式为:$s = \pi r^2$,周长公式为:$l = 2\pi r$。

在计算圆的面积和周长的程序中,首先应该接收用户从键盘输入的数据作为圆的半径,然后根据公式进行计算,最后将计算结果以一定的形式显示给用户。

程序中使用变量或常量来表示或存放数据,具有名字、类型和值三个要素。一般来说,圆的半径、面积和周长都应该是带有小数部分的实数。

运算符是执行相关运算的符号,也是构成表达式的重要元素。数学中,两个值之间的乘号通常可以省略,而 Java 语言中必须使用星号表示。

知识与能力目标

- 接收用户的键盘输入。
- Java 基本数据类型。
- 数据类型的转换。
- 变量与常量,变量定义与使用。
- 运算符与表达式。
- 系统预定义类的运用。

任务1 算法分析

知识准备

程序的核心是算法。算法是解决一个具体问题的方法或步骤。程序设计语言只是一种工具，有了正确的算法，使用任何语言都能够写出正确的程序。建议大家在今后的学习中，遇到一个问题时，先分析并确定其算法，再转化成 Java 代码，这样才能灵活应用 Java 语言。

算法具有以下5个特征：

1）有穷性。算法的有穷性是指算法必须能在执行有限个步骤之后终止。
2）确定性。算法的每一步骤必须有确切的定义。
3）零个或多个输入。一个算法有零个或多个输入。
4）至少一个输出。一个算法有一个或多个输出。没有输出的算法是毫无意义的。
5）可行性。算法中执行的任何步骤都是可以被分解为基本的、可执行的操作步骤，每个步骤都可以在有限时间内完成。

常用的算法表示方法有自然语言表示法、伪代码表示法和流程图表示法。

任务实施

圆的相关计算算法使用自然语言可以表示如下：

1）定义存放圆周率的常量 PI。
2）定义存放半径、面积、周长的变量 r、s、l。
3）输出文字，提示用户从键盘输入半径。
4）从键盘接收半径。
5）分别计算 s 和 l：$s = \pi r^2$，$l = 2\pi r$。
6）分别输出 s 和 l。

上述算法中，某些步骤的顺序可以对调，如步骤1）与2），而某些步骤的顺序不可对调，如步骤1）、2）、3）与4）与5）。

伪代码使用接近于源程序代码的形式来表示算法，但又不需要严格遵守程序设计语言的语法。圆的相关计算算法采用伪代码可以表示如下：

1）PI=3.14；
2）r=0；s=0；l=0；
3）System.out.println(" 请输入圆的半径 ")；
4）r=Scanner.nextDouble()；
5）s=PI*r*r；
6）l=2*PI*r；
7）System.out.println(" 面积："+s)；
8）System.out.println(" 周长："+l)；

流程图中使用简单的几何图形和带箭头的连线来直观地表示算法。其中，椭圆表示算法的开始与结束，矩形表示数据的计算或处理，平行四边形表示算法的输入或输出操作，菱形表示算法中的判断操作，带箭头的连线表示算法的执行方向。

圆的相关计算算法流程图如图 2-1 所示。

图 2-1　圆的相关计算算法流程图

从以上分析可知，一个具体问题的算法不是唯一的，算法表示形式也可以有很多种。在求解问题时，只需要采用某种适当的形式描述出正确、可行的算法即可。

任务 2　定义常量与变量

知识准备

1．基本数据类型

Java 语言中的数据类型分为简单类型和复合类型两大类。简单类型共 4 类 8 种。

1）整数类型：byte、short、int、long。
2）浮点（实数）类型：float、double。
3）字符类型：char。
4）布尔类型：boolean。

复合类型有数组、类、接口等。

简单类型又称基本类型。以下是 8 种简单类型的特征：

1）byte（字节型），占 1 个字节（8 个二进制位）空间，取值范围为 $-2^7 \sim 2^7-1$（$-128 \sim 127$），默认值为 byte 型的 0。

2）short（短整型），占 2 个字节空间，取值范围为 $-2^{15} \sim 2^{15}-1$（-32 768 ～ 32 767），默认值为 short 型的 0。

3）int（整型），占 4 个字节空间，取值范围为 $-2^{31} \sim 2^{31}-1$，默认值为 0。

4）long（长整型），占 8 个字节空间，取值范围为 $-2^{63} \sim 2^{63}-1$，默认值为 long 型的 0。

5）float（单精度浮点实数），占 4 个字节，有效位数 7～8 位，取值范围为 $\pm 3.4 \times 10^{38}$，默认值为 float 型的 0.0。

6）double（双精度浮点实数），占 8 个字节，有效位数 15 位，取值范围为 $\pm 1.79 \times 10^{308}$，默认值为 0.0。

7）char（字符型），占两个字节空间，使用 Unicode 编码表示字符，它与整数之间可以转换，是无符号的整数值，值的范围为 0～65 535，英文字符的值就是 ASCII 编码，如字符 'A' 的值为 65，'a' 的值为 97，'0' 的值为 48。char 类型的默认值为字符 '\u0000'，即整数 0。

8）boolean（布尔型），占 4 个字节，取值只有 true 或 false，一般用于分支或循环的条件判断，默认值为 false。

前 7 种称为数值型。

注意：各种类型的默认值只对属性变量有效，对局部变量无效。

2. 常量与变量

变量的值在程序运行过程中可以发生变化，使用一个名字（标识符）来引用，比如，数学中常用 x 来表示自变量。按使用范围，变量可以分为属性变量和局部变量两种。属性变量是指定义在方法以外的变量，一般称为属性。局部变量是指定义在方法中的变量，即一般所称的变量。

常量的值在程序运行的过程中不能发生变化，在形式上包括直接常量和符号常量两种。直接常量就是一个明确的值，如 3.14（实数）、0（整数）、"Hello World!"（字符串）。符号常量是使用一个名字（标识符）来代表的直接常量，如 PI。

Java 中的直接常量可分为整型常量、实数常量、字符常量、字符串常量、布尔常量和 null。特点如下：

1）整型常量可分为 int 类型和 long 类型两种，默认为 int 型，如 3。若要明确为 long 型，则应该在整数后加后缀字母 L（或 l），如 3L。

小提示

如果程序中出现超出 int 类型范围的整数，如 2 147 483 648 时，会产生语法错误，原因是系统默认它是 int 类型，而又超出了取值范围。错误提示为 "The literal 2147483648 of type int is out of range"。正确的做法是加上 long 类型的后缀符号，如 2147483648L。

在 Java 语言中，允许使用十进制（数字以非 0 开头）、八进制（数字以 0 开头）和十六进制（数字以 0X 或 0x 开头）等形式表示一个整数，如 12、012、0X12、0xabc。

2）实数常量有 float 类型和 double 类型两种，默认为 double 型，如 3.0。可使用 F（或 f）后缀将数值数据（整数或实数）明确为 float 型，如 3.0f、3f；也可以使用 D（或 d）后缀将数值数据明确为 double 型，如 3.0d、3d。

实数常量还可以使用与数学中科学计数法相似的浮点表示形式，其格式为：尾数 E 指数，其中符号 E 也可以为小写的 e，表示以 10 为底，尾数可以是整数或普通实数（不可带有任何后缀），指数必须为整数。如 1E0（$=1.0 \times 10^0=1.0$），1.5E-3（$=1.5 \times 10^{-3}=0.0015$），

1E0.5（错误！）。

小提示

在Java语言中，如果省略实数数字的整数部分为0或小数部分为0，则这些0允许省略，如.45（0.45）、3.（3.0）。

3）字符常量是使用一对单引号（'）给出的一个可见字符（如 'A'，'0'，' '）、转义字符或Unicode编码。转义字符是使用 '\ 字符' 形式表示的不可见字符、控制字符等特殊字符（常用的转义字符见表2-1）。Unicode 编码是使用 4 位十六进制整数（以 \u 开头）或 3 位八进制整数编号表示的字符，如 '\u0041' 或 '\101' 都表示字符 'A'。

注意：' ' 是一个空格字符，而不是紧紧相邻的两个单引号。

表 2-1 常用的转义字符

转义字符	名 称	Unicode 值
\b	退格	\u0008
\t	制表符	\u0009
\n	换行	\u000a
\r	回车	\u000d
\"	双引号	\u0022
\'	单引号	\u0027
\\	反斜杠	\u005c

4）字符串常量是使用一对双引号（"）给出的零个或多个字符序列，其中字符可以是字符常量中的任意表示形式，如 " " 表示空串，"abc" "ab\tc" "\"" "\u123456" "\1234"（下画线标注的部分应视作一个字符）。

注意：""为空串，表示字符串中没有任何内容，但它的确是一个字符串；表示Windows中的文件（夹）路径字符串时，其中的"\"应写成"\\"，如"C:\\windows\\system"。

小提示

Java语言允许使用"/"代替"\"来作为路径分隔符，这样就可以免除重复书写"\"的困扰，如"C:/windows/system"。

5）布尔常量又称为逻辑常量，只有两个取值：true 和 false，用于表示逻辑中的真（成立）和假（不成立）。

6）null 是一个特殊的值，是复合类型变量的默认值，它表示一个复合类型的变量没有引用任何对象。

Java 语言要求变量必须先定义后使用，定义变量的语法格式为：

数据类型 变量名 [= 初始值][,......];

一条定义语句中可以只定义一个变量，也可以同时定义多个变量，变量之间使用逗号隔开。定义变量的同时也可以使用等于号给变量赋一个初始值。

例如：

int x;// 定义了一个变量 x

float a,b;// 定义了两个变量 a,b，都是 float 类型

double m,n=3.5;// 定义了两个变量，并且给后一个变量赋了初值

如果在定义变量的语句前边加上 final 关键字，则表示定义符号常量。语法格式为：
final 数据类型 符号常量名字 **[**= 常量值 **]**;
例如：
final double PI=3.14;// 定义了表示圆周率的符号常量 PI
final int TWO=2;
变量名和常量名都属于标识符，命名规则请参阅项目 1 中的相关内容。

任务实施

首先应该在 Eclipse 中创建一个名为 circle 的 Java 项目，为项目创建名为 my.circle 的包，并在该包下创建一个名为 Circle 的类，类中包含 main 方法。

根据圆周率值的特点可知，它应该是 float 或 double 类型的数据，为了方便数据处理，任务中采用 double 类型。在 main 方法体中输入语句：

final double PI=3.14;

该语句中：

1）PI 是符号常量的名字，习惯上通常采用大写字母表示符号常量名。
2）final 关键字表示所定义的是符号常量。
3）double 关键字表示定义的符号常量类型是双精度（实数）。
4）等于号（=），称为赋值运算符，它把右边的值赋给左边的符号常量。

在 Java 语言中，符号常量只允许赋值一次，可以在定义时赋值，也可以在定义之后赋值。因此，以下两条语句是正确的。

final double PI;
PI=3.14;

而以下三条语句是错误的，原因是多次向符号常量赋值。

final double PI;
PI=3.14;
PI=3.14;

圆的半径、面积和周长一般应该是实数，本项目中与之前定义的 PI 一致，采用 double 类型。

在 main 方法体中继续输入语句：

double r=0, s=0, l=0;

语句中定义了三个变量，变量名分别为 r、s、l。变量的值在程序运行过程中允许发生变化，所以变量一定是使用标识符来表示的。语句中：

1）double 关键字确定了变量中可以存放的值的数据类型。
2）赋值号右边的常量表示给予变量一个初始值，"= 初始值"部分可以省略，但建议不要省略，因为 Java 语言中不允许使用未赋初始值的局部变量。

一条定义变量的语句可以只定义一个变量，也可以同时定义多个变量，此时变量之间使用逗号分隔。因此，语句也可写成：

double r=0;
double s=0;
double l=0;

任务3　接收键盘输入的数据

知识准备

Java语言中提供了很多预先定义好的类，也有很多第三方提供的工具类，当然还有自己定义在其他包中的类，供编程时使用。这样就不需要从零开始编程，从而大大提高了编程效率。对于已经存在的类，只有两种情况下可以直接使用：类来自于"java.lang"包（如项目1中提及的System类和String类），或类的定义与使用处于同一个包中。除此之外的所有类，在使用时必须指明其来源，方式有两种：

1）在package语句后边使用import语句导入，如：
import java.util.Scanner;

2）在需要使用类的时候明确其来源，如：
java.util.Scanner keyboard=new java.util.Scanner(System.in);

显然，前一种方式的代码比后一种更加简洁。

小提示

import语句导入类时，可以使用通配符*，表示导入某个包中的全部类，如"import java.util.*;"。

任务实施

（1）创建接收键盘输入的扫描器

Java.util.Scanner类是一个可以使用正则表达式来分析基本类型和字符串的简单文本扫描器。

Scanner使用分隔符模式将其输入分解为若干数据，在默认情况下分隔符为空格。然后可以使用不同的next方法将得到的数据转换为不同类型的值。以下代码使用户能够从System.in中读取一个数：

Scanner sc = new Scanner(System.in);
int i = sc.nextInt();

在main方法体中继续输入语句：
System.out.println(" 请输入圆的半径：");
Scanner keyboard=new Scanner(System.in);

第一条语句输出一行普通文字，用于提示用户从键盘输入圆的半径。

第二条语句定义了一个Scanner类型的对象变量keyboard，同时使用new关键字创建一个与System.in（系统的标准输入设备——键盘）绑定的Scanner对象，然后将这个对象作为初始值赋给keyboard。此时，通过keyboard就可以引用该对象。关于对象、输入等相关知识将在后续项目中介绍。

（2）通过扫描器读取键盘输入的数据

Scanner 类的常用方法见表 2-2。

表 2-2　Scanner 类的常用方法

方　法	说　明
Scanner(InputStream)	构造方法。创建从指定的输入流接收数据的扫描器
hasNextInt()	判断下一个数据是否为 int 类型
nextInt()	得到下一个 int 类型的数据
hasNextDouble()	判断下一个数据是否为 double 类型
nextDouble()	得到下一个 double 类型的数据

在 main 方法中继续输入语句：

r=keyboard.nextDouble();

语句中通过 keyboard 变量引用 Scanner 对象，调用它的 nextDouble() 方法，等待并接收用户从键盘输入的一个实数，并赋值给变量 r。

任务 4　计算并输出结果

 知识准备

1．运算符与表达式

运算符用于指明对操作数所进行的运算，是表示某一种运算的符号。运算的对象称为操作数，按操作数的数目可以将运算符分为一元运算符（如正负号）、二元运算符（如加减法）和三元运算符。按运算符的功能又可分为赋值、算术、关系、布尔、位、条件及其他运算符。

表达式可以是常量、变量（或属性）、方法调用，也可以是常量、变量（或属性）、方法调用、表达式等组成，由运算符连接的、具有确定的值的式子。

1）赋值运算符 = 用于给变量（或属性）赋值。赋值运算符较为特殊，它既可作为运算符构成一个表达式（赋值表达式），又可作为赋值号构成一条赋值语句。

构成表达式时，表达式的结果就是所赋的值（= 右边的值）。基于此特性，Java 语言中可以同时为多个变量赋相同的值，如 x=y=z=3；语句等价于 x=(y=(z=3))；语句。

2）算术运算符有一元运算符（正负号、自增、自减）和二元运算符（加减乘除、取余）两种，见表 2-3。算术运算符构成的表达式称为算术表达式，算术表达式的结果为数值类型。

表 2-3 算术运算符

运算符	用法	说明
+	+3	正号（表示取正时，可以省略）
-	-3	取相反数
++	++x，x++	自增运算，将操作数加 1。操作数只能是一个变量或属性；有前缀（书写在操作数的左侧）和后缀（书写在操作数的右侧）两种使用方式 如果是前缀，则操作数先增加，然后将操作数新的值作为表达式的结果若为后缀，则先将操作数的值作为表达式的结果，再将操作数增加 例如，设变量 a、b 的初值都为 0，则 ++a 的值为 1，且变量 a 的值也增加为 1，而 b++ 的值为 0，变量 b 的值增加为 1
--	--x，x--	自减运算，操作数减 1，其余同上
+	x+3，3+5	加法运算。如果 + 两边含有字符串，则功能为字符串连接，并且能够将数值自动转换为字符串 例如，"3"+4 的结果为"34"，4+"5" 的结果为"45"，因为 + 运算符自左向右运算，所以 1+3+"5" 的结果为"45"，而 "1"+3+5 的结果为"135"
-	x-3	减法运算
*	x*3	乘法运算
/	x/3，3/5，3.0/5	除法运算。如果两个操作数均为整型，则为整除，结果为整型；否则为实除，结果为实数。 注意：Java 语言中除数为 0 的错误只会发生在整除运算中 例如，3/5 的结果为 0，3.0/5 的结果为 0.6
%	x%3，5%3，5.2%5.0	取余运算。可以用于整数或实数，结果的符号取决于第一个操作数 例如，5%3 的结果为 2，-5%3 的结果为 -2，5%-3 的结果为 2，-5%-3 的结果为 -2，5.2%5.0 的结果为 0.2

注意：在书写算术表达式时，应注意与数学中的书写习惯进行区分。例如，2a 应该表示为 2*a，$\dfrac{a}{bc}$ 应该表示为 a/（b*c）或 a/b/c，而不是 a/b*c。

3）关系运算符用于比较两个值的大小或相等关系，见表 2-4。它们都是二元运算符。由关系运算符构成的表达式称为关系表达式，关系表达式的结果为 boolean 类型（true 或 false）。

表 2-4 关系运算符

运算符	用法	说明
>	3>2	大于
>=	3>=2	大于或等于
<	3<2	小于
<=	3<=2	小于或等于
==	3==2	等于
!=	3!=2	不等于

小提示

不要将==应用于实数的相等比较，而应该使用数学中的|a-b|<ε形式：Math.abs(a-b)<1E-6，其中 Math 是 java.lang 包中预定义的数学类，abs 是该类提供的计算绝对值的方法。也不要使用==来判断两个对象变量的值是否相等（比如两个字符串的内容是否相同），解决的办法在后续项目中介绍。

判断一个整数变量 x 的值是否为奇数的表达式为：(x % 2)==1。

4) 布尔运算符又称逻辑运算符，进行逻辑运算，见表 2-5。操作数必须为 boolean 类型。由布尔运算符构成的表达式称为布尔表达式或逻辑表达式，结果为 boolean 类型（true 或 false）。

表 2-5　布尔运算符

运算符	用　　法	说　　明
!	!true	逻辑取反，一元运算符
&	true & false	逻辑与。两边同时为 true 时，运算结果为 true，否则结果为 false
&&	true && false	短路的逻辑与。运算结果与 & 运算一致，但当前一操作数为 false 时，直接得到 false 结果，而不再计算第二个操作数
|	true | false	逻辑或。两边同时为 false 时，运算结果为 false，否则结果为 true
||	true || false	短路的逻辑或。运算结果与 | 一致，但是当前一操作数为 true 时，直接得到 true 结果，而不再计算第二个操作数
^	true ^ false	异或。当两边逻辑值相同时结果为 false，否则为 true

判断一个数值变量 x 的值是否在区间 [3,10] 之间的表达式为：x>=3 & x<=10 或 x>=3 && x<=10。

假定数值变量 a、b、c 的值能够构成一个三角形，判断它是否为等边三角形的表达式为：a==b & b==c 或 a==b && a==c；判断它是否为等腰三角形的表达式为：a==b \| b==c \| a==c。

公历闰年判定遵循的规律为：四年一闰，百年不闰，四百年再闰。因此，判断一个年份 year 是否为闰年的表达式为：(year % 4 == 0 & year % 100 != 0) \| (year % 400 == 0)。

5) 位运算符将操作数以二进制形式运算，见表 2-6。它们要求操作数必须为整数。位运算符多用于标志位的判断。

表 2-6　位运算符

运算符	用　　法	说　　明
<<	5<<n	左移 n 位，移出的位丢弃，左边用 0 补，相当于扩大 2n 倍
>>	5>>n	右移 n 位，移出的位丢弃，右边用原来的符号位补，相当于缩小 2n 倍（整除）
>>>	5>>>n	右移 n 位，移出的位丢弃，右边用 0 补
&	5&4	按位与。也可作为布尔运算符（要求两边均为布尔值）
|	5|4	按位或。也可作为布尔运算符（要求两边均为布尔值）
^	5^4	按位异或
~	~5	按位取反

Java 语言的 Mouse 事件 MouseEvent 对象提供了一个方法 getModifiers()，该方法以整数来表示发生鼠标事件时是否同时按下键盘或鼠标上的按键。这个整数的每个二进制位代表一个具体的键或按钮，1 表示按下，0 表示未按下。例如，最低位对应 <Shift> 键，右边第

二位代表 <Ctrl> 键，右边第四位代表 <Alt> 键。比如，当右边第二位为 1，无论其余各位取何值，都表示按下了 <Ctrl> 键，所以，判断是否按下 <Ctrl> 键，只需要使用二进制数据 0000 0000 0000 0000 0000 0000 0000 0010 进行按位与运算的测试，如果结果非 0，则表示判断成立。测试 <Shift> 键的二进制数据为 0000 0000 0000 0000 0000 0000 0000 0001。测试 <Alt> 键的二进制数据为 0000 0000 0000 0000 0000 0000 0000 1000

上述 3 个二进制整数的十进制值分别为 2、1、8，MouseEvent 中提供了对应的符号常量，分别为：CTRL_MASK、SHIFT_MASK、ALT_MASK。

假设 MouseEvent 事件对象的变量名为 me，判断是否按下 <Ctrl> 键的表达式为：
(me.getModifiers() & 2) > 0　或　(me.getModifiers() & MouseEvent.Ctrl_MASK) > 0。

6）条件运算符（?:）是唯一的三元运算符，其形式为：

操作数 1? 操作数 2: 操作数 3

其中，操作数 1 的结果必须为布尔类型的值（true 或 false），当其值为 true 时，整个表达式的值取决于操作数 2，否则取决于操作数 3。

使用条件运算符计算两个变量 x、y 的最大值的表达式为：x>y?x:y。

使用条件运算符为变量 x 取绝对值的语句为：x=x<0?-x:x;。

7）赋值运算符与算术运算、位运算的结合运算符见表 2-7。

表 2-7　结合运算符

运　算　符	用　　法	等价形式
+=	x+=y	x=x+y
-=	x-=y	x=x-y
*=	x*=y	x=x*y
/=	x/=y	x=x/y
%=	x%=y	x=x%y
&=	x&=y	x=x&y
|=	x|=y	x=x|y
^=	x^=y	x=x^y
<<=	x<<=y	x=x<<y
>>=	x>>=y	x=x>>y
>>>=	x>>>=y	x=x>>>y

此外，Java 中还有数组下标运算 []、成员访问运算 .、括号运算 ()、实例判断 instanceof、创建对象 new、强制类型转换等其他运算符。

运算符的优先级决定了运算的先后顺序。当表达式中含有多个相同运算符时，除赋值运算符、条件运算符、一元运算符外，均为从左到右结合。当表达式中含有不同运算符时，应注意运算符的优先级。运算符的优先级见表 2-8。表 2-8 中从上到下优先级递减，同一行中优先级相同。

表 2-8 运算符的优先级

运 算 符	结 合 性
[] . ()	从左向右
! ~ ++ —— + -（正负号） （强制类型转换） new	从右向左
* / %	从左向右
+ -（加减法）	从左向右
<< >> >>>	从左向右
< <= > >= instanceof	从左向右
== !=	从左向右
&	从左向右
^	从左向右
|	从左向右
&&	从左向右
||	从左向右
?:	从右向左
= += -= *= /= %= &= |= ^= <<= >>= >>>=	从右向左

2．类型转换

当表达式或赋值语句中出现不同数据类型的值或变量（属性）时，需要进行类型转换，如 double d=2+3f;。

在 Java 语言中，无论是变量、属性或常量，它们的数据类型都是确定的、不能发生变化的，但它们所表示的值在表达式中参与运算的时候，允许发生类型变化。

类型转换分为自动转换（又称隐式转换）和强制转换（又称显式转换）两种。

在赋值运算或赋值语句中，如果 = 两侧的数据类型不同，则系统会自动按如图 2-2 所示的关系进行转换。

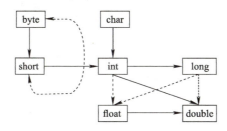

图 2-2 允许自动转换的类型关系

图中实线箭头表示转换时无精确度损失，虚线箭头表示转换时可能会有精度损失，无箭头指向的，表示不能进行自动类型转换，如以下语句：

long a=4;// 自动将 int 的值转换为 long 然后赋值
byte b=4;//int -> byte
double c=4;//int -> double
int d=c;// 错误，无法自动转换

在进行其他二元算术运算时，自动转换的规则为：如果两个操作数中有一个是 double

类型，则另一操作数转换为 double 类型；否则，如果其中有一个是 float 类型，则另一操作数转换为 float 类型；否则，如果其中有一个是 long 类型，则另一操作数转换为 long 类型；否则，两个操作数均被转换为 int 类型。

当不能进行自动类型转换时，应该使用强制类型转换运算，方法是在需要转换的表达式前面加上（目标类型名称）。上述错误的语句可以修改为：int d=(int)c;。

例如，Math.random() 方法可以生成 [0,1) 区间内 double 类型的随机数，则表达式：

(int)(Math.random()*100)

可以生成 [0，99] 区间内的随机整数。

类型转换也可以在复合类型中进行，子类的对象可以自动转换为父类类型，而父类类型向子类转换时必须采用强制转换。

任务实施

在 main 方法中继续输入语句：

s=PI*r*r;

l=2*PI*r;

System.out.println(" 圆的面积为："+s);

System.out.println(" 圆的周长为："+l);

第一、第二条语句分别通过常量 PI、2，变量 r，乘法运算符 * 构成的表达式，计算面积和周长，然后赋值给变量 s 和 l。

在后两条语句中，使用字符串连接符（+）将字符串"圆的面积为："与变量 s 的值相连接，得到一个字符串，然后输出。

加号既可以作为正号、加法运算符，还可以作为字符串连接符。当作为加法运算时，满足交换律，如 3+4 等价于 4+3。当作为字符串连接符时，不满足交换律，"ab"+"cd" 的结果为"abcd"，而 "cd"+"ab" 的结果为"cdab"。

另外请注意，"ab"+4 的结果为"ab4"，它能够自动将数值转换为字符串，然后进行连接。请分析"ab"+3+4 的结果、"ab"+（3+4）的结果分别是什么。

项目源程序如图 2-3 所示。

```
package my.circle;
import java.util.Scanner;
public class Circle {
    public static void main(String[] args) {
        final double PI=3.14;
        double r=0,s=0,l=0;
        System.out.println("请输入圆的半径：");
        Scanner keyboard=new Scanner(System.in);
        r=keyboard.nextDouble();
        s=PI*r*r;
        l=2*PI*r;
        System.out.println("圆的面积为："+s);
        System.out.println("圆的周长为："+l);
    }
}
```

图 2-3　计算圆的面积与周长的程序代码

程序运行结果如图 2-4 所示。

```
请输入圆的半径：
2
圆的面积为：12.56
圆的周长为：12.56
```

图 2-4　计算圆的面积与周长的结果

项目总结

本项目以计算圆的面积和周长为目标，逐步完成了算法设计、常量与变量定义、数据输入与计算等任务，学习了 Java 语言中的数据类型、常量与变量、运算符与表达式，以及借助系统预定义类 Scanner 实现数据输入的方法。

练习

1）判断两个整数值是否相等，可以使用运算符＿＿＿＿＿＿，判断不相等可以使用＿＿＿＿＿。

2）Java 语言中包含哪几种基本数据类型？

3）能否简单地断定 int a；语句定义的变量 a 的默认值为 0？

4）分析字符串常量与字符常量在形式与概念上的区别。

5）当 x、y 两个变量值都是 0 或都是 1 时，请分析分别执行以下 4 条语句后，x、y、b 值的情况。

boolean b=(x++>0) & (y++>0);
boolean b=(x++>0) && (y++>0);
boolean b=(x++>0) | (y++>0);
boolean b=(x++>0) || (y++>0);

6）$persons、Int、float、_var、*point、x2 中，哪些可以作为变量名？

7）如果 x=2，则表达式 (x++)/3 的值是＿＿＿＿＿＿，表达式 x>0?"aa":"bb" 的值是＿＿＿＿＿＿；语句 System.out.println(1e-1); 的输出结果是＿＿＿＿＿＿。

8）请分析表达式 (int)Math.random()*100 所生成的随机数区间。

9）编写程序，使用条件表达式计算 x、y、z 三个变量的最大值。

10）编写程序，输入一个整数，输出它的三次方值。

11）编写程序，输入立方体的长、宽、高，输出它的体积和表面积。

项目概述

根据用户输入的系数,构成一个一元一次方程或一元二次方程,判断方程系数的不同情况,输出方程的求解结果。

 项目分析

程序有三种流程控制结构:顺序、分支和循环。顺序结构是指按语句书写的次序依次执行;分支结构又称选择结构,根据某个条件来选择执行不同的语句;循环结构又称重复结构,重复多次执行某部分的语句。

对于一元二次方程,系数决定了不同的求解方式。因此,方程的求解需要采用分支结构来实现。一元二次方程的一般形式为 $ax^2+bx+c=0$,对该方程的求解需要考虑的因素有:

1)系数 a 是否为 0,当 a=0 时,为一元一次方程,此时应考虑系数 b 和 c。

2)Δ 的符号,当 Δ<0 时无解,当 Δ=0 时有一个解,当 Δ>0 时有两个解。

设计的程序应该能够接收用户输入的三个系数 a,b,c,然后根据具体的情况求出方程的实数解并输出。

 知识与能力目标

- 程序运行流程控制。
- if 语句的语法结构与应用。
- 局部变量作用域。
- Switch 语句的应用。

任务 1　分支结构流程控制

知识准备

Java 语言中分支语句有 if 语句、switch 语句。

1．if 语句

if 语句可以直接实现单分支结构控制或双分支结构控制。

单分支结构只考虑条件成立这一种情况，在条件成立时执行指定的语句，否则不执行。单分支结构的 if 语句语法格式为：

// 格式 A	// 格式 B
if(条件表达式)	**if(条件表达式) {**
语句；	语句块；
	}

使用一对 {} 给出的若干条语句（可以是零条语句）称为复合语句，它具有整体性，即要么全部执行，要么全不执行。

if 语句的条件必须使用()给出，它必须是具有布尔类型结果的关系表达式或逻辑表达式。if 语句只能控制后边的一条语句（可以是复合语句，如格式 B），因而在需要控制多条语句时，应该将它们转换成复合语句。

例如，以下程序段的输出结果为 b。

if(false)
　　System.**out**.println("a");// 受到 if 语句的控制
　　System.**out**.println("b");// 不受 if 语句的控制

小提示

建议将if后边的语句使用{}给出。

单分支结构流程图如图 3-1 所示。

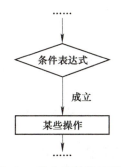

图 3-1　单分支结构流程图

如果需要考虑条件成立和不成立两种情况，则称为双分支结构，对应的 if 语句语法格式为：

```
// 格式 A                          // 格式 B
if( 条件表达式 )                    if( 条件表达式 ) {
    语句 A；                            语句块 A；
else                               }else {
    语句 B；                            语句块 B；
                                   }
```

当条件表达式的结果为 true 时，执行语句 A（语句块 A）；否则执行语句 B（语句块 B）。if 语句双分支结构流程图如图 3-2 所示。

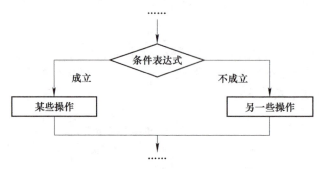

图 3-2　双分支结构流程图

例如，以下程序段的输出结果为 a。
```
if(3>2) {// 条件成立时
    System.out.println("a");
}else {// 否则 -- 条件不成立时
    System.out.println("b");
}
```

2．switch 语句

switch 语句是 Java 语言提供的多分支控制语句，其语法格式为：
```
switch( 整数值表达式 ) {
case 常量表达式 1：      [ 若干语句 A][break；]
case 常量表达式 2：      [ 若干语句 B][break；]
...
[default：]              [ 若干语句 N]
}
```
其中：

1）switch 后边使用 () 给出的"整数值表达式"是判断的对象，它应该是 byte、short、int 或 char 类型。

2）每一个 case 称为一个"情况"，后边的"常量表达式 n"必须是与判断对象类型一致的常量或常量表达式。

3）对每种情况的前后书写顺序没有特别要求。

4）不允许出现重复的情况，即 case 值不允许重复。

5）每一种情况后边可以书写多条语句，不需要使用 {}。

程序运行时，首先计算 switch 中的表达式，然后依次与每个 case 的情况进行比较，如果相等（情况匹配），则进入 switch 内部，执行这个 case 后面的所有语句；如果所有的情况都不匹配，而有 default 块，则从 default 处进入，执行它后边的所有语句。

如果程序进入了 switch 执行，则只有两种可能导致从 switch 中退出：

1）已经执行完 switch 中最后一条语句。

2）遇到了 break 语句。

例如，以下程序段的输出结果为 abc。

int v=1;
switch(v) {
case 1:System.out.print("a");
case 2:System.out.print("b");
case 3:System.out.print("c");
}

而以下程序段的输出结果为 a。

int v=1;
switch(v) {
case 1:System.out.print("a");   **break**;
case 2:System.out.print("b");
case 3:System.out.print("c");
}

因为编程时很容易遗漏一些 case 后边应有的 break 语句，从而导致程序运行结果错误，且 switch 语句中只能判断相等的匹配关系，所以建议大家尽量使用 if 语句替代 switch 语句。

任务实施

1．计算绝对值

计算一个数 x 的绝对值时，只需要考虑它为负数的情况：如果 x 小于 0，则 x=-x;。代码如下：

```
1    package my.formula;
2    import java.util.Scanner;
3    public class Abs {
4        public static void main(String[] args) {
5            double x=0;
6            Scanner keyboard = new Scanner(System.in);
7            System.out.println("请输入一个数：");
8            x=keyboard.nextDouble();
9            if(x<0) {
10               x=-x;
11           }
12           System.out.println("x 的绝对值为："+x);
13       }
14   }
```

程序运行结果如图 3-3 所示。

```
请输入一个数：            请输入一个数：
-6                        6
x的绝对值为：6.0          x的绝对值为：6.0
```

图 3-3　计算绝对值

main 方法中行号为 5 ～ 8 的部分语句，它们的执行顺序与书写顺序一致，依次执行。这种按书写顺序执行的结构，就是顺序结构。

第 10 行的语句 x=-x;，其执行受到条件限制，当 x<0 时执行，否则不会执行。这种根据一定的条件选择执行某部分语句的结构，称为分支结构，也称选择结构。

对于一个条件判断，都会有成立和不成立两种情况。在第 9 ～ 11 行代码中，只考虑条件成立（x<0）时将 x 取反，而不考虑条件不成立时的情况。

一般情况下，把 if 语句以及其后受控制的语句，统称为一条 if 语句，事实上它也是一种复合语句。因此，计算绝对值的 main 方法中的语句分别为第 5、6、7、8、9、12 行共 6 条语句，它们为顺序结构。

2．判断整数的奇偶性

对于一个整数，判断其奇偶性的方法是：如果它除以 2 的余数为 0，则为偶数；否则为奇数。代码如下：

```java
1   package my.formula;
2   import java.util.Scanner;
3   public class Parity {
4       public static void main(String[] args) {
5           int x=0;
6           Scanner keyboard = new Scanner(System.in);
7           System.out.println(" 请输入一个整数：");
8           x=keyboard.nextInt();
9           if(x % 2 == 0) {
10              System.out.println(x+" 是偶数 ");
11          }else {
12              System.out.println(x+" 是奇数 ");
13          }
14      }
15  }
```

程序运行结果如图 3-4 所示。

```
请输入一个整数：        请输入一个整数：
9                       8
9是奇数                 8是偶数
```

图 3-4　判断整数的奇偶性

程序中第 10 行、第 12 行代码每次有且只有一条被执行，具体执行哪一条取决于第 9 行 if 语句的条件：x%2==0。

3．百分制成绩与等级转换

对于一个成绩百分制的成绩 score，如果它是 [0,100] 区间内的整数，那么将它进行

score/10 的运算后，结果将是处于 [0,10] 区间内的 11 个整数。

百分制成绩与等级对应关系见表 3-1。

表 3-1　百分制成绩与等级对应关系

百分制成绩 score	score/10	等级 grade
90～100	9，10	'A'
80～89	8	'B'
70～79	7	'C'
60～69	6	'D'
0～59	0，1，2，3，4，5	'E'

转换的算法可以表示为：

1）输入成绩 score。

2）score_c=score/10（整除）。

3）如果 score_c 为 9 或 10 中的任何一个值，则 grade='A'。

4）如果 score_c 为 8，则 grade='B'。

5）如果 score_c 为 7，则 grade='C'。

6）如果 score_c 为 6，则 grade='D'。

7）其余所有情况，grade='E'。

代码如下：

```java
import java.util.Scanner;
public class Score2Grade {
    public static void main(String[] args) {
        int score=0;
        char grade='\u0000';
        Scanner keyboard = new Scanner(System.in);
        System.out.println(" 请输入百分制成绩（整数，0～100）：");
        score = keyboard.nextInt();
        switch(score/10) {
            case 9:
            case 10:         grade='A';     break;
            case 8:          grade='B';     break;
            case 7:          grade='C';     break;
            case 6:          grade='D';     break;
            default:         grade='E';
        }
        System.out.println(score+" 对应的等级为："+grade);
    }
}
```

任务 2　一元一次方程求解

任务实施

在综合考虑所有系数的情况时,一元二次方程的求解过程较为复杂,可以先考虑系数 $a=0$ 时对一元一次方程 $bx+c=0$ 的求解。

对于一元一次方程,需要考虑系数 b 的情况,当 b 非 0 时,方程有一个解 $-c/b$;当 b、c 同为 0 时,方程有无数个解;而当 b 为 0、c 非 0 时,方程无解。因此,算法可以描述为:

1) 输入方程的系数 b、c。
2) 如果 $b \neq 0$,则输出 $-c/b$,否则执行后面的语句。
3) 如果 $c=0$,则输出 "无数个解",否则执行后面的语句。
4) 输出 "无解"。

算法流程图如图 3-5 所示。

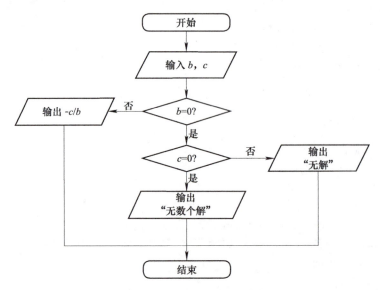

图 3-5　一元一次方程求解算法流程图

从算法中可以看出,对方程求解时需要两个系数的 3 种情况。

一条简单的 if 语句只能实现双分支结构,但是如果在 if 或 else 后边的语句中又包含另外的 if 语句,就可以实现多分支结构控制。if 语句中又包含 if 语句,称为 if 语句嵌套。

代码如下:

```
package my.formula;
import java.util.Scanner;
public class Formula1 {
    public static void main(String[] args) {
        double a=0,b=0;
```

```
    Scanner keyboard=new Scanner(System.in);
    System.out.println(" 请分别输出一元一次方程 ax+b=0 的系数 a b："); 
    a=keyboard.nextDouble();
    b=keyboard.nextDouble();
    if(a!=0) {
        System.out.println(" 方程有一个解："+(-b/a));
    }else {
        if(b==0) {
            System.out.println(" 方程有无数个解 ");
        }else {
            System.out.println(" 方程无解 ");
        }
    }
  }
}
```

任务 3　一元二次方程求解

知识准备

1. Math 类

程序中需要计算 Δ 的平方根，可以调用 Java 语言中预定义的 Math 类提供的 sqrt 方法来实现。

Math 类的定义使用 final abstract 修改，它不能被实例化，也不能被继承。

Math 类含有两个类属性：

1）public static final double E; 表示自然对数的底数 e。

2）public static final double PI; 表示圆周率。

Math 类的常用数学方法见表 3-2。

表 3-2　Math 类的常用数学方法

方　　法	说　　明
abs(x)	返回 x 的绝对值
acos(x)	反余弦
asin(x)	反正弦
atan(x)	反正切
ceil(x)	返回不小于参数 x 的、小数部分为 0 的最小值，如 Math.ceil(3.1)=4.0，Math.ceil(3.0)=3.0
cos(x)	余弦

（续）

方　　法	说　　明
exp(x)	e 为底的参数次幂：e^x
floor(x)	返回不大于参数 x 的、小数部分为 0 的最大值，如 Math.floor(3.1)=3.0，Math.floor(3.0)=3.0
log(x)	自然对数：lnx
max(x,y)	返回两个参数中的最大值
min(x,y)	返回两个参数中的最小值
pow(x,y)	前一参数为底，后一参数为指数的幂：x^y
random()	返回区间 [0.0,1.0) 中的随机数
rint(x)	使小数部分为 0（四舍五入），返回值为实数，如 Math.rint(3.1)=3.0
round(x)	取整（四舍五入），返回值为整数，如 Math.rount(3.1)=3
sin(x)	正弦
sqrt(x)	二次方根
tan(x)	正切
toDegrees(x)	弧度转换为角度
toRadians(x)	角度转换为弧度

Math 类中所有的属性、方法都使用 public static 修饰，所以可以直接通过类名 Math 来引用，如 Math.PI 或 Math.sqrt(4)。

2．变量的作用域

程序中的变量具有一定的作用域（访问范围），即在什么样的范围内可以使用它。

在方法内部定义的变量，称为局部变量。其作用域为：从其定义位置起，到所在的复合语句结束。代码示例如下：

```
1   public static void main(String[] args){
2       int x;
3       ...
4       {
5           int y;
6           ...
7       }
8       ...
9   }
```

第 2 行定义的变量 x 的作用域为第 2～9 行，第 5 行定义的变量 y 的作用域为第 5～7 行。

因为复合语句中又可以包含复合语句，所以会存在复合语句范围重叠的情况。如上述代码中第 1～9 行的复合语句与第 4～7 行的复合语句重叠。在同一个复合语句，或重叠的复合语句中，当作用域也存在重叠时，不允许重复定义名字相同的变量。代码示例如下：

```
public static void main(String[] args){
    int x;
    {
```

```
        int x;// 错误：重复定义变量 x
        int y;
        int z;
        ...
    }
    ...
    int y;
    {
        int z;
        ...
    }
    ...
}
```

方法的参数也是局部变量，它的作用域为整个方法体。

在方法内部定义的常量也具有与局部变量相同的作用域特征。

任务实施

对于一元二次方程 $ax^2+bx+c=0$ 的实数求解，需要考虑很多种情况，当系数 a 为 0 时，作为一次方程来求解；非 0 时，作为二次方程求解，此时又要考虑 Δ 的情况。当然，无论多么复杂的情况，只要理清它们的逻辑关系，就能方便快捷地转化为程序代码。

一元二次方程求解算法流程图如图 3-6 所示。

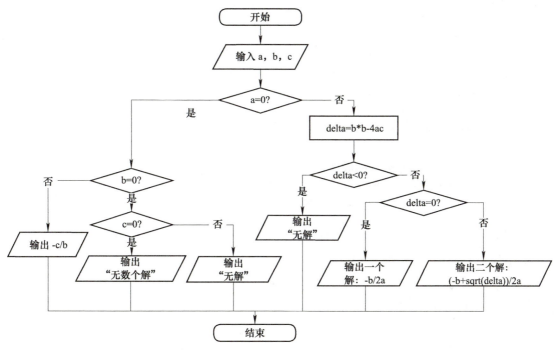

图 3-6 一元二次方程求解算法流程图

程序代码如下：

```java
package my.formula;
import java.util.Scanner;
public class Formula2 {
    public static void main(String[] args) {
        double a=0,b=0,c=0;
        Scanner keyboard = new Scanner(System.in);
        System.out.println(" 请分别输入一元二次方程的三个系数 a b c： ");
        a=keyboard.nextDouble();
        b=keyboard.nextDouble();
        c=keyboard.nextDouble();
        if(a==0) {
            if(b==0) {
                if(c==0) {
                    System.out.println(" 方程有无数多个解 ");
                }else {
                    System.out.println(" 方程无解 ");
                }
            }else {
                double x= -c/b;
                System.out.println(" 方程有一个解： "+ x);
            }
        }else {
            double delta=b*b-4*a*c;
            if(delta<0) {
                System.out.println(" 方程无解 ");
            }else {
                if(delta==0) {
                    double x= -b/(2*a);
                    System.out.println(" 方程有一个解： "+ x);
                }else {
                    double x1=(-b+Math.sqrt(delta))/(2*a);
                    double x2=(-b-Math.sqrt(delta))/(2*a);
                    System.out.println(" 方程有两个解： "+x1+","+x2);
                }
            }
        }
    }
}
```

项目总结

程序中能够根据给定的条件来决定执行不同的操作，即分支结构。分支结构又有单分支、双分支和多分支三种，通过 if 语句的嵌套可以实现任何复杂的多分支结构。

练习

1）以下代码段输出的结果是_____。
if(!**true**) System.**out**.print("hello");System.**out**.print("world");

2）以下程序段输出的结果是_____。
int v=4;
switch(v) {
case 4:
case 3:System.**out**.print("a");
case 2:System.**out**.print("b");
case 1:System.**out**.print("c");
}

3）编写程序，计算 $y = \begin{cases} \ln|x| & x < -3 \\ \sqrt{x+3} + \ln(5-x^3) & -3 \leqslant x < \sqrt[3]{5} \\ e^x & x \geqslant \sqrt[3]{5} \end{cases}$。

4）编写程序，计算 $y = \begin{cases} x & 0 < x < 1000 \\ 0.9x & 1000 \leqslant x < 2000 \\ 0.8x & 2000 \leqslant x < 3000 \\ 0.7x & 3000 \leqslant x \end{cases}$。

5）编写程序，使用 if 语句实现：将一个百分制的成绩转换为五分制的等级。

6）编写程序，输入 1～12 中的一个整数表示的月份数，输出对应的中文月份名（一月，……，十二月）。

项目 4 查找质数

项目概述

首先设计一段代码,用以判断一个整数是否为质数;然后根据这样的判断方法,依次输出 1000 以内的所有质数。

项目分析

在算法或程序中,经常需要重复多次执行相同的步骤或操作,比如计算 1 ~ 100 的所有整数和,在不使用简化公式的情况下,至少需要做 99 次加法。重复多次执行某一部分语句,称为循环结构,又称重复结构。

质数又称素数,是大于 1 的自然数,不能被 1 和它自身以外的自然数整除。判断一个整数 x 是否为质数时,可以用 2 ~ $x-1$ 中的所有整数去测试是否能够把 x 整除,只要出现一次能够整除的情况,就说明 x 不是质数;反之,x 是质数。

知识与能力目标

- 循环结构程序设计。
- while 语句语法与应用。
- do…while 语句语法与应用。
- for 语句语法与应用。
- continue、break 语句在循环流程中的应用。

任务 1　输出连续多个自然数

 知识准备

输出 2～1000 之间的连续多个自然数，如果把需要输出的数使用变量 i 来表示，则 i 的初始值应该为 2，然后重复做以下两件事：
1）输出 i 的值。
2）i 的值增加 1。
直到 i 的值大于 1000 为止。
Java 语言中提供了 while、do…while 和 for 三种语句来实现循环控制。

1. while 语句

while 语句的语法格式：

// 格式 A　　　　　　　　　　　　　　// 格式 B
while(循环条件)　　　　　　　　　**while**(循环条件) {
　　语句；　　　　　　　　　　　　　　　语句；
　　　　　　　　　　　　　　　　　　}

while 后边重复执行的那条简单语句或使用 {} 给出的复合语句，称为循环体。

当程序遇到 while 语句时，先判断循环条件是否成立（true），如果成立，则执行循环体，然后回到前面循环条件判断，如此往复；如果不成立，则从 while 语句中退出，执行后边的代码。

循环条件请使用 () 给出，且它必须是值为 boolean 类型的表达式。

简而言之，while 语句就是 "当条件成立时，重复做某事"，是先判断，后执行。

循环中作为循环条件的判断对象且循环中会有规律递增或递减的变量，一般称为循环变量，如程序中的变量 i。

例如，以下代码段连续输出 5 个星号。
int i=0;
while(i<5) {// 循环条件是 i<5
　　System.**out**.println('*');
　　i++;// 每次循环结束前，修改循环变量的值
}

以下代码段没有任何输出。
int i=10;// 请注意循环变量的初值，它直接导致循环条件不成立
while(i<5) {
　　System.**out**.println('*');
　　i++;
}

以下代码段造成死循环。

```
int i=0;
// 每次循环中都没有修改循环变量的值，导致循环条件始终成立
while(i<5) {
    System.out.println('*');
}
```

注意：初学者很容易在循环体中遗漏对循环变量的值进行修改的语句（如 i++;），从而导致循环条件永远成立，出现死循环（无限循环）现象。当然，死循环不一定不可取的，比如不断更新显示系统当前的时间，就需要在线程中使用死循环。

2．do…while 语句

do…while 语句的语法格式如下：

```
// 格式 A                          // 格式 B
do                                 do {
    语句；                             语句；
while( 循环条件 );                 }while( 循环条件 );
```

注意：不要遗漏 do…while 语句末尾的分号。

do…while 语句的循环体处于 do 与 while 之间，循环条件的判断处于末尾，是先执行，后判断。当程序执行到 do…while 语句时，首先进入执行循环体，然后根据循环条件决定是否回去继续执行循环体。

例如，以下代码段连续输出 5 个星号。

```
int i=0;
do {
    System.out.println('*');
    i++;
}while(i<5);
```

以下代码段输出一个星号。

```
int i=10;
do {
    System.out.println('*');
    i++;
}while(i<5);
```

3．for 语句

for 语句的语法格式：

```
// 格式 A                                    // 格式 B
for( 初始化；循环条件；迭代部分 )            for( 初始化；循环条件；迭代部分 ) {
    语句；                                       语句；
                                             }
```

for 后边的三个部分表达式使用两个分号分隔，以 () 给出。初始化部分做进入循环前的一些准备工作，执行且只执行一次，如循环变量的定义、赋初值；循环条件决定了能否进入循环执行循环体；迭代部分用于对循环变量的修改，它在循环体之后执行。for 语句的执行流程图如图 4-1 所示。

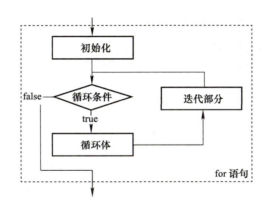

图 4-1　for 语句执行流程图

for 语句是一个非常灵活的语句，其后边的三个部分都是可以省略的。当省略了循环条件部分时，将构成死循环。

例如，以下代码段连续输出 5 个星号。

```
int i=0;
for(i=0; i<5; i++) {
    System.out.println('*');
}
```

以下代码段是一个死循环。

```
int i=0;
for(i=0; ; i++) {
    System.out.println('*');
}
```

for 语句一般适用于循环次数确定的应用，而 while 语句和 do…while 语句更加适用于循环次数不确定的应用。

任务实施

1．输出连续的整数

System.out.println(x) 方法在输出 x 的值时会自动换行，而 System.out.print(x) 在输出 x 的值时不会换行，如果需要在同一行中输出多个数据，则应该选用后者。

（1）使用 while 语句实现

```
int i=2;// 定义循环变量，初始值为 2
while(i<=1000) {
    System.out.print(i + "\t");
    i++;
}
```

程序中：

1）循环执行输出、i++ 等语句的条件是 i<=1000，所以，在历次循环的过程中，i 的值将会由 2 逐渐递增到 1001，从而停止循环。

2）i++ 也可以写成 i=i+1，甚至可以利用 ++ 后缀的特点，将循环中的两条语句合并为一条语句"System.out.print((i++) + "\t");"。

3）输出语句中使用字符串连接符在每个整数后面添加了一个转义字符（\t），这是一个制表符，将两个数字分隔开。

（2）使用 do...while 语句实现

```java
int i=2;// 定义循环变量，初始值为 2
do{
    System.out.print(i+"\t");
    i++;
}while(i<=1000);
```

（3）使用 for 语句实现

```java
for(int i=2; i<=1000; i++) {
    System.out.print(i + "\t");
}
```

程序中：

1）在 for 语句的初始化（第一个表达式）部分书写了 int i=2，既定义了循环变量，又赋给变量一个初始值，完成了循环的初始化准备工作。

2）如果将循环变量 i 的定义放置在 for 语句中，则该变量的使用范围为 for 语句，当 for 语句结束后，该变量无效。

3）i++ 可以与循环体中的语句合并为一条语句，从而省略 for 语句的迭代（第三个表达式）部分。

2．换行控制

上述程序在同一行中输出了 2～1000 中的所有整数。如果要求分多行输出，比如每行10 个数字，则需要在每输出 10 个数字后，执行一次"System.out.println();"语句。

可以再定义一个用于计数的变量 n，初始值为 0，每次输出时 n++。当 n 为 10 的整数倍时，应该执行一次换行操作。以 while 语句实现的循环为例：

```java
int i=2;
int n=0;
while(i<=1000) {
    System.out.print(i + "\t");
    i++;
    n++;
    if(n%10 == 0) {
        System.out.println();
    }
}
```

在这个程序中，因为循环变量 i 与 n 的特征相似，都是连续变化的，i 与 n 的值的关系是：i 比 n 大 2，i-2 也就是已经输出的数字个数，所以完全不需要使用 n 来进行计数。程序可以修改为：

```java
int i=2;
```

```
while(i<=1000) {
    System.out.print(i + "\t");
    i++;
    if((i-2)%10 == 0) {
        System.out.println();
    }
}
```

任务 2 质 数 判 断

知识准备

break 与 continue 语句

break 语句和 continue 语句也属于流程控制语句,前者可以从循环语句中退出(提前结束循环),后者可以跳过它后面剩余的循环体部分,提前进入下一轮循环。代码示例如下:

```
for(int i=1; i<=10; i++) {
    System.out.print(i);
    if(i>3) break;
}
```

只输出了 1 2 3 4 共 4 个数字,在循环过程中,如果 i>3(即 i 的值为 4 时),则强制退出循环。

代码示例:

```
for(int i=1; i<=10; i++) {
    if(i%2 ==0) continue;
    System.out.print(i);
}
```

只输出了 1、3、5、7、9 共 5 个数字,在循环过程中,如果 i%2==0(即 i 为偶数时),则跳过本次循环的后继语句,强制进入下一次循环。

注意:循环体中一般需要将 break、continue 语句与 if 语句联合使用。

任务实施

一个整数为质数的条件是:它不能被除了 1 和本身以外的任何整数整除。该数使用变量 x 表示,可以依次使用 2、3、… $x-1$ 等数字去做整除测试,只要有一次能整除,x 就不是质数;否则 x 是质数。算法流程图如图 4-2 所示。

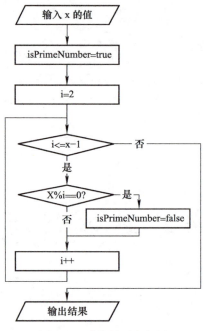

图 4-2 质数判别流程图

算法中：

1）需要重复做的事为：先判断 x 是否能够被 i 整除（如果能，则让 isPrimeNumber=false），然后将 i 增加 1。

2）重复的条件是：i<=x-1，这个条件也可以写为 i<x。

3）算法在进行判断之前，先假设 x 是质数（借助变量 isPrimeNumber，它为 true 则表示 x 是质数）。每次判断时，如果 x 能被某个数 i 整除，则修改之前的假设（令 isPrimeNumber=false）。循环结束后，即可以根据 isPrimeNumber 的值得到结果。

（1）使用 while 语句实现

程序代码如下：

```java
package my.prime_check;
import java.util.Scanner;
public class While {
    public static void main(String[] args) {
        int x=0;
        Scanner keyboard = new Scanner(System.in);
        System.out.println(" 请输入一个正整数： ");
        x=keyboard.nextInt();
        boolean isPrimeNumber=true;
        int i=2;
        while(i<=x-1) {
            if(x%i ==0) {
                isPrimeNumber=false;
            }
            i++;
```

```
        }
        System.out.println(x+(isPrimeNumber?"是质数。":"不是质数。"));
    }
}
```

解决一个问题的方法有很多种，不同的方法也就对应了不同的算法。在对整数进行质数判别时，也可以把是否继续循环的判断放在循环体之后，以便采用 do…while 语句来实现，流程图如图 4-3 所示。

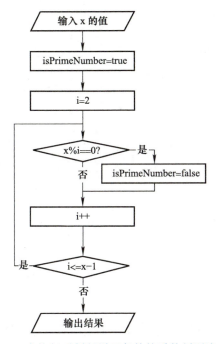

图 4-3 先执行后判断循环条件的质数判别流程图

（2）使用 do…while 语句实现

程序代码如下：

```java
package my.prime_check;
import java.util.Scanner;
public class DoWhile {
    public static void main(String[] args) {
        int x=0;
        Scanner keyboard = new Scanner(System.in);
        System.out.println("请输入一个正整数：");
        x=keyboard.nextInt();
        boolean isPrimeNumber=true;
        int i=2;
        do{
            if(x%i ==0) {
                isPrimeNumber=false;
            }
            i++;
```

```
        }while(i<x);
        System.out.println(x+(isPrimeNumber?" 是质数。":" 不是质数。"));
    }
}
```

（3）使用 for 语句实现

程序代码如下：

```
package my.prime_check;
import java.util.Scanner;
public class For {
    public static void main(String[] args) {
        int x=0;
        Scanner keyboard = new Scanner(System.in);
        System.out.println(" 请输入一个正整数： ");
        x=keyboard.nextInt();
        boolean isPrimeNumber=true;
        int i=0;
        for(i=2; i<x; i++) {
            if(x%i == 0) {
                isPrimeNumber=false;
            }
        }
        System.out.println(x+(isPrimeNumber?" 是质数。":" 不是质数。"));
    }
}
```

对于质数的判别问题，考察一个合数如 12，当发现它能够被 2 整除时，即可确定它不是质数，也就无须使用后续的 3，4，……，11 去做整除测试的循环，从而减少循环次数，提高程序执行效率。因此，for 语句实现的程序代码可以修改为：

```
boolean isPrimeNumber=true;
int i=0;
for(i=2; i<x; i++) {
    if(x%i == 0) {
        isPrimeNumber=false;
        break;
    }
}
```

请参照上述代码写出 while、do…while 语句实现的程序。

分析以下程序代码：

```
1    for(i=2; i<x; i++) {
2        if(x%i ==0) break;
3    }
4    System.out.println(i);
```

当 x 取不同值时，for 循环结束后变量 i 的值的情况见表 4-1。

表 4-1　变量 i 与 x 值的对应分析

x	循环结束后 i 的值	x 特征	i 值的特征
3	3	质数	i==x
4	2	合数	i<x
5	5	质数	i==x
6	2	合数	i<x
97	97	质数	i==x
98	2	合数	i<x

程序代码中含有一条 break 语句，所以循环结束的原因必定是两者之一：

1）执行了 break 语句。能执行 break 语句，意味着第 2 行的 if 语句条件成立（能被整除，x 不是质数！），又意味着能进入循环（循环条件成立，i<x！）。

2）循环条件不成立。意味着从来没有执行过 break 语句，if 语句的条件未成立过（从来没有能被整除过，x 是质数！）。因为每次循环时 i 递增 1，所以由 i<x 不成立可知 i==x。

经过以上分析可知，根据 i 与 x 值的关系即可得到判别的结果，而不再需要变量 isPrimeNumber。

程序可以修改为：

```
int x=0;
Scanner keyboard = new Scanner(System.in);
System.out.println(" 请输入一个正整数：");
x=keyboard.nextInt();
int i=0;
for(i=2; i<x; i++) {
    if(x%i == 0) {
        break;
    }
}
if(i==x) {
    System.out.println(x + " 是质数。");
}else {
    System.out.println(x + " 不是质数。");
}
```

如果把 for 语句之前的 int i=0 的定义语句合并到 for 语句的第一个表达式中去，那么程序还能正确运行吗？

任务 3　输出 1000 以内的所有质数

任务实施

对于连续的多个整数，判断其是否为质数时，首先应该有一个循环，依次表示出这些整数，其次应该在循环中对每个整数进行质数判断。循环体中含有另一个循环语句，称为循环嵌套。

因为质数不一定是连续的，所以需要定义一个变量 num 用于质数的计数，从而实现每 10 个换行一次的要求。

程序代码如下：

```java
package my.prime_check;
public class AllPrimes {
    public static void main(String[] args) {
        int i=0;
        int num=0;// 用于计数，每找到一个质数，值增加 1
        for(int x=3; x<=1000; x++) {
            for(i=2; i<x; i++) {
                if(x%i == 0) break;
            }
            if(i==x) {
                System.out.print(x+"\t");// 输出，但不换行
                num++;
                if(num%10 == 0) System.out.println();// 每 10 个换行一次
            }
        }
    }
}
```

项目总结

在循环结构中，可以利用计算机的高速运算能力，重复执行有规律的操作。Java 语言提供了 while、do…while 和 for 语句实现循环控制，它们都能在循环条件成立的情况下重复执行循环体中的语句。另外，还提供了 continue 和 break 语句，以改变循环语句的执行流程。

在书写循环语句时，需要注意正确表示循环条件，特别要注意循环条件的边界，以防止逻辑错误而带来的结果错误。

练习

1）以下程序段的输出结果是_____。

```java
int i=0;
while(i<10) {
    if(i++ >1) break;
}
System.out.println(i);
```

2）以下程序段的输出结果是_____。

```java
int i=0;
```

```
for(i=0; i<10; i++) {
    System.out.print(i++);
}
```

3）编写程序，计算 1 ~ 100 以内的整数和。

4）编写程序，计算一个整数的阶乘。

5）编写程序，计算一个整数各位数字的和，如 1234 各位的和为 10。

6）编写程序，计算 $\pi = 2 \times \dfrac{2^2}{1 \times 3} \times \dfrac{4^2}{3 \times 5} \times \cdots \times \dfrac{(2n)^2}{(2n-1)(2n+1)}$，直到某项小于 $1+10^{-6}$。

7）编写程序，Fibonacci 数列的前两项均为 1，从第三项起，每一项等于前两项之和。求 Fibonacci 数列的第 20 项。

8）编写程序，打印九九乘法表。

9）编写程序，计算两个正整数的最大公约数。

项目 5 数据查找
PROJECT 5

项目概述

使用数组来存放多个类型相同的数据，在这些数据中进行查找、插入、删除、排序等操作。

项目分析

数据是计算机能够处理的对象的统称，它并不局限于一般所指的整数、实数等。一个程序如果需要处理大量的数据，首先应该考虑的问题就是如何表示这些数据。数据之间可能是杂乱无序的，比如，一份报纸上的所有文章；也可能存在一定的逻辑关系，比如，英文字典中的单词，按字母顺序排列。

数据查找是指根据指定的关键信息，在大量数据中进行查找定位。数据查找的目的一般不仅是确定数据是否存在，更重要的目的是确定它的位置，以得到与它相关的更多信息，比如，在一份报纸中查找某篇文章，或在字典中查找某个单词的解释。

在大量无序的数据中进行查找，无疑是一个耗时的操作。如果数据已经根据关键信息进行排序，则能够大大提高查找效率。

知识与能力目标

- 数组的概念与特点。
- 创建数组、数组变量的定义与元素引用。
- 数组排序。
- 数组元素的插入与删除。
- 数组元素的查找。

任务1　输出多个随机数中的最大值

知识准备

数组

Java 语言中提供了数组这种复合类型，使得程序中可以表示多个逻辑相关的数据序列。

数组是用于存储同一类型的值的集合。数组中存放值的一个个空间称为元素，元素的个数称为数组的长度。数组是多个元素的有序集合，元素具有下标——元素的编号。下标是从 0 开始的连续递增的整数。

现在必须理清数组（数组对象）与数组变量之间的关系。

数组或数组对象是指在内存中存在的、若干个元素构成的一个对象。

数组变量是一个变量，它可以没有引用任何数组，此时它的值为 null；也可以引用一个数组，此时可以通过它来使用被引用的那个数组。

1．创建数组的几种方式

（1）new 数据类型 [长度]；

创建的数组的元素个数由 [] 中的长度决定，如语句 new int[10]; 创建了含有 10 个元素的整型数组（每个元素都是 int 类型）。

（2）new 数据类型 []{ 元素列表 }；

元素列表是使用逗号分隔的与数据类型一致的若干个常量、变量或表达式，此时数组长度取决于元素列表中值的数量。代码示例如下：

int x=3;
new int[] {9, 8-1, x+2};// 创建的数组长度为 3，3 个元素分别为 9,7,5

（3）{ 元素列表 }

与上一种方式类似，但只能在定义数组变量的语句中赋初值时使用，如 {1，3，5，7}。

2．数组变量的定义格式

数据类型 [] 数组变量名；

或

数据类型 数组变量名 []；

例如，int []arr; 定义了一个数组变量，变量名为 arr，它可以引用一个 int 类型的数组。arr 还没有引用任何数组，除非通过赋值号给它一个数组，如 "arr=new int[10];"。

以下是几种定义数组变量，并创建数组的示例。

```
// 定义数组变量 arr1，并创建了含有 10 个元素的整型数组
int[]arr1=new int[10];
// 创建的数组元素的个数、每个元素的值，都由后边的元素列表确定
int[]arr2=new int[] {1,3,5,7};
int[]arr3= {1,3,5,7};
```

在 Java 语言中，一个数组允许被多个数组变量引用。代码示例如下：

```
int[] arr1=new int[5];
int[] arr2=arr1;
```

3．元素引用

通过数组对象、数组变量，与元素的下标相结合，就可以引用数组中某个具体的元素，像普通变量那样赋值、取值。其格式如下：

数组 [下标]

或

数组变量 [下标]

例如，arr1[0] 表示数组中下标为 0 的元素，语句 arr1[0]=99；表示向下标为 0 的元素赋值 99，arr1[0]++ 表示将下标为 0 的元素值增加 1，arr1[0]*2 表示将下标为 0 的元素值用于表达式计算。

数组对象提供了一个 length 属性，表示数组的长度。在对数组元素进行引用时，一定要注意下标不能超出范围（0 ～ length-1），否则会导致异常。

任务实施

1．输出多个随机整数

生成 10 个 [0, 100] 范围内的随机整数，然后按生成的顺序，分别以正序、反序输出。

Math 类提供的 random() 方法可以生成随机数的纯小数，需要进行数学转换才能得到所需的随机整数，比如，（int）(Math.random()*100) 可以得到 [0, 99] 区间中的随机整数。

此外，java.util.Random 类的 nextInt(n) 方法可以得到 [0，n) 区间内的随机整数。

小提示

生成[m，n]区间内随机整数的表达式为new Random().nextInt(n-m+1) +m。

如果只要求依次输出 10 个随机数，则使用一个简单的循环就能实现。程序代码如下：

```
Random rand = new Random();
for(int i=0; i<10; i++) {
    System.out.print(rand.nextInt(101) + "\t");
}
```

程序运行的结果为：

62　6　66　76　73　71　56　100　97　51

注意：因为随机数的随机特性，nextInt 方法每次调用得到的数都是不同的、不确定的，所以运行上述代码时不一定能得到与此处相同的结果。

如果要求在第二行按它的反序输出：

51　97　100　56　71　73　76　66　6　62

应该如何实现？

分析以下程序代码的算法技巧：

```
String s1=" ", s2=" ";
Random rand = new Random();
for(int i=0; i<10; i++) {
    int x=rand.nextInt(101);
    s1=s1 + x + "\t";
    s2=x + "\t" + s2;
}
System.out.println(" 正序： "+s1);
System.out.println(" 反序： "+s2);
```

运行结果如下：

正序：48　78　74　64　74　62　86　78　73　61
反序：61　73　78　86　62　74　64　74　78　48

程序中巧妙地利用了字符串连接符不满足交换律的特性，从而得到两个数据顺序相反的字符串。

这段程序代码虽然能够实现正反序输出多个数据，但是把这些数放在一个字符串中，会给后续的计算需要（比如计算总和）带来麻烦。

使用数组实现正序、反序输出若干随机整数的程序代码如下：

```
int[] numbers = new int[10];
Random rand = new Random();
for(int i=0; i<10; i++) {
    numbers[i] = rand.nextInt(101);
}
System.out.print(" 正序：");
for(int i=0; i<10; i++) {
    System.out.print(numbers[i] + "\t");
}
System.out.print("\n 反序：");
for(int i=9; i>=0; i--) {
    System.out.print(numbers[i] + "\t");
}
```

2．确定最大值及其位置编号

将随机生成的 10 个整数存放在一个数组 numbers 中，可以假设第一个元素中存放了最大值，因此令 max=numbers[0]，且 pos=0。然后依次将 max 的值与后面的所有元素比较，如果 max 比某个元素小，则修改 max 和 pos 的值。查找最大值及其位置的算法流程图如图 5-1 所示。

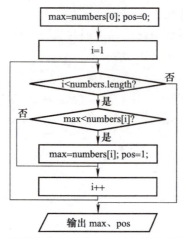

图 5-1　数组中查找最大值及其位置的算法流程图

程序代码如下：

```java
int[] numbers = new int[10];
Random rand = new Random();
System.out.println("10 个随机数：");
for(int i=0; i<numbers.length; i++) {
    numbers[i] = rand.nextInt(101);
    System.out.print(numbers[i] + "\t");
}
// 假设第一个元素为最大值
int max=numbers[0];
int pos=0;
// 依次验证
for(int i=1; i<numbers.length; i++) {
    if(max<numbers[i]) {
        max=numbers[i];
        pos=i;
    }
}
System.out.println("\n 最大值及其位置 :" + max + "\t" + pos);
```

任务2　排　　序

任务实施

对数据排序的目的是提高查找速度。数据的排序规律有升序和降序两种，前者是按值由小到大排列，后者是按值由大到小排列，一般所指的排序都是升序排列。

常用的排序算法有选择排序、冒泡排序等。

(1) 选择排序

选择排序是一种比较简单、直观的排序算法,算法原理是将待排序数据序列中的最小值换到序列的最前边,该数不再列入待排序序列,不断重复这样的操作,待排序序列不断缩小,直至只剩一个数据。

算法可以描述为:

1) numbers 数组中存放了 n 个待排序的数据。

2) i=0,i 表示待排序序列的左边界,也是序列中最小值应该放置的正确位置,待排序序列的下标范围是 i ~ n-1。

3) 查找 i ~ n-1 下标范围中的最小值,使用 pos 记下它的位置。

4) 交换 i 与 pos 位置上的值。

5) i++。

6) 如果 i<n-1,则转到第 3) 步,否则排序结束。

程序代码如下:

```java
int n=10;// 数据的数量
int[] numbers = new int[n];
Random rand = new Random();
System.out.println("10 个随机数: ");
for(int i=0; i<numbers.length; i++) {
    numbers[i] = rand.nextInt(101);
    System.out.print(numbers[i] + "\t");
}
// 选择排序
for(int i=0; i<n-1; i++) {
    // 查找 numbers[i]~numbers[n-1] 中的最小值
    int min=numbers[i];
    int pos=i;
    for(int j=i+1; j<n; j++) {
        if(min>numbers[j]) {
            min=numbers[j];
            pos=j;
        }
    }
    // 交换 numbers[i] 和 numbers[pos] 元素
    int t=numbers[i];
    numbers[i]=numbers[pos];
    numbers[pos]=t;
}
// 排序结束,输出结果
System.out.println("\n 排序后: ");
for(int i=0; i<numbers.length; i++) {
    System.out.print(numbers[i] + "\t");
}
```

（2）冒泡排序

冒泡排序的原理是每次比较相邻的一对数据，如果前边的比后边的大，则将它们交换。如果从左向右依次比较每一对数据，将会导致最大的值交换到最后边，不断重复这样的操作，大的数据会不断向后移动，从而实现排序功能。

算法可以描述为：

1）numbers 数组中存放了 n 个待排序的数据。

2）i=n-2，i 表示需要比较的最后一对数据中左边那个数据的下标，即所有需要比较的数据对中左边数据的下标范围为 0 ~ i。

3）j=0。

4）如果 numbers[j]>numbers[j+1]，则将两个元素交换。

5）j++，如果 j<=i 则转到第 4）步，否则向下继续。

6）i--。

7）如果 i>0，则转到第 3）步，否则排序结束。

程序代码如下：

```java
int n=10;// 数据的数量
int[] numbers = new int[n];
Random rand = new Random();
System.out.println("10 个随机数：");
for(int i=0; i<numbers.length; i++) {
    numbers[i] = rand.nextInt(101);
    System.out.print(numbers[i] + "\t");
}
// 冒泡排序
for(int i=n-2; i>0; i--) {
    // 依次比较 numbers[0] ~ numbers[i] 的元素和它们后边的元素
    for(int j=0; j<=i; j++) {
        if(numbers[j]>numbers[j+1]) {
            // 大的元素在前边，则进行交换
            int t=numbers[j];
            numbers[j]=numbers[j+1];
            numbers[j+1]=t;
        }
    }
}
// 排序结束，输出结果
System.out.println("\n 排序后：");
for(int i=0; i<numbers.length; i++) {
    System.out.print(numbers[i] + "\t");
}
```

Java 语言中的 java.util.Arrays 类提供了 sort() 方法，用于对数组进行快速排序。在需要对数组的元素排序时，可以自己编写程序实现，也可以直接调用该方法。代码示例如下：

```java
int[] numbers = new int[10];
```

```
Random rand = new Random();
System.out.println("10 个随机数：");
for(int i=0; i<numbers.length; i++) {
    numbers[i] = rand.nextInt(101);
    System.out.print(numbers[i] + "\t");
}
Arrays.sort(numbers);// 调用系统提供的方法进行快速排序
System.out.println("\n 排序后：");
for(int e : numbers) {
    System.out.print(e + "\t");
}
```

任务 3　数据插入与删除

任务实施

在一个有序的数据序列中插入一个数，要求插入后仍保持有序。首先应找到正确的插入位置，然后将该位置及后边所有的数据后移，最后填入待插入的数。

Java 语言中的数组是静态的，也就是说数组一经创建，它在内存的位置、大小（元素的个数）都是固定的。因此，对于本次任务中的数组，应该留有足够的元素空间，以便于插入新的数据。也就是说，数组中并不是所有元素都是有效数据。一般情况下，将有效数据集中放置在数组的前边元素中，另外使用一个整数变量记录下有效数据的个数。

（1）查找插入位置

对于这样一个有序的序列：20、40、60、80、100，要求插入数据后保持有序。查找插入位置的方法应该是从序列的最前边开始，把需要插入的数依次与序列中的值一个个比较，直至比较完毕，如果待插入的数比某个值小，则已找到正确位置。例如：

1）如果待插入的数为 5，则其正确的插入位置（此处使用数组下标表示）为 0。

2）如果待插入的数为 70，则正确的插入位置为 3。

3）如果待插入的数为 120，则正确的插入位置为 5。

查找插入位置的算法为：

1）n= 序列数据中原有数据个数，numbers 为 n 个数据序列的数组，x= 待插入的数。

2）pos=0。

3）当 pos<n 时，向下继续，否则转到第 6）步。

4）如果 numbers[pos]>x，则转到第 6）步。

5）pos++，转到第 3）步。

6）查找结束，插入位置为 pos。

程序代码如下：
```java
// 数组长度为8。有效数据5个，放置在前边的连续元素中
int []numbers= {20,40,60,80,100,0,0,0};
int x=70;// 待插入的数
int pos=0;// 表示插入位置的变量
int n=5;// 原有数据个数
for(; pos<n; pos++) {
    if(numbers[pos]>x) {
        break;
    }
}
System.out.println(" 插入位置： " + pos);
```

  （2）插入数据

  在日常生活中，在一列队伍中插入一个人时，首先应该让插入位置以及后边的所有人依次向后移动一步（队伍后边的人先移动），腾出空间后，这个人才能进入队伍。

  在数组的某个位置插入数据的算法如下：

  1）numbers 为插入数据的目标数组，x= 待插入的数，pos= 插入位置。

  2）i=numbers.length-1。

  3）当 i>pos 时，向下继续，否则转到第 6）步。

  4）numbers[i]=numbers[i-1]。

  5）i--，转到第 3）步。

  6）numbers[pos]=x，有效数据加 1，插入数据结束。

  程序代码如下：
```java
// 插入位置开始的元素后移
for(int i=numbers.length - 1; i>pos; i--) {
    numbers[i]=numbers[i-1];
}
// 插入数据
numbers[pos]=x;
// 有效数据个数增加
n++;
System.out.println(" 插入后的数组： ");
for(int i=0; i<n; i++) {
    System.out.print(numbers[i] + "\t");
}
```

  （3）删除数据

  与队伍中插入一个人相似，如果一个人离开队伍，则他后边的所有人应依次向前移动一步。同样，数组中一个元素被删除时，它后边的所有元素都应该依次向前移动（前边的元素先移动）。从数组中删除一个值的算法如下：

  1）numbers 为删除数据的目标数组，n 为有效数据个数，pos 为待删除数据的位置。

  2）i=pos。

  3）当 i<n-1 时，向下继续，否则转到第 6）步。

4）numbers[i]=numbers[i+1]。

5）i++，转到第3）步。

6）有效数据个数 n--，删除数据结束。

程序代码如下：

```
pos=0;// 待删除数据的位置
// 后边的元素依次前移
for(int i=pos; i<n-1; i++) {
    numbers[i] = numbers[i+1];
}
n--;// 有效数据个数 -1
System.out.println(" 删除后的数组：");
for(int i=0; i<n; i++) {
    System.out.print(numbers[i] + "\t");
}
```

任务4　数据查找

任务实施

在无序的数据序列中查找指定的数，其方法是从前向后依次进行比对。在有序的数据序列中查找时，可以利用数据的规律减少比对的次数，提高查找效率。

对于数组元素的查找，如果找到与指定的值相等的元素，则返回该元素的下标（≥0）；否则返回 –1。

（1）无序序列中的查找

在无序的数据序列中查找时，只能从前向后依次比较，最坏的情况下，需要把所有数据都进行一次比较，查找效率较低。程序代码如下：

```
int[] numbers = new int[10];
Random rand = new Random();
System.out.println("10 个随机数：");
for(int i=0; i<numbers.length; i++) {
    numbers[i] = rand.nextInt(101);
    System.out.print(numbers[i] + "\t");
}
System.out.println("\n 请输入需要查找的数：");
int x=0;
int pos=-1;
```

```
Scanner keyboard = new Scanner(System.in);
x=keyboard.nextInt();
for(int i=0; i<numbers.length; i++) {
    if(x == numbers[i]) {
        pos=i;
        break;
    }
}
System.out.println(" 查找结果: " + pos);
```

（2）有序序列中的查找

数据排序的目的是为了提高数据查找的效率。对于有序序列，可以采用二分查找的算法，算法的原理为：每次计算出待查找范围的中心元素位置，根据中心元素的值与待查找的值大小关系，确定新的查找范围，直至找到或范围中不再有数据。二分查找算法为：

1）numbers 为待查找的数组，且已排序，n 为有效元素个数，x 为待查找的数。

2）left=0，right=n-1，pos=-1。

3）当 right>=left 时，向下继续，否则转到第 8）步。

4）mid=(left+right)/2。

5）如果 numbers[mid]=x，则 pos=mid，转到第 8）步。

6）如果 numbers[mid]>x，则 right=mid-1，转到第 3）步。

7）如果 numbers[mid]<x，则 left=mid+1，转到第 3）步。

8）查找结束，查找结果为 pos。

程序代码如下：

```
x=60;// 待查找的数
pos=-1;// 存放查找结果位置的变量，默认值为 -1
// 待查找序列的左、右边界的下标
int left=0, right=n-1;
while(right>=left) {
    // 计算待查找序列的中心元素下标
    int mid=(left+right)/2;
    if(x==numbers[mid]) {// 找到
        pos=mid;
        break;
    }
    if(x<numbers[mid]) {
        right=mid-1;// 待查找的数在序列左半边，序列缩小
    }
    if(x>numbers[mid]) {
        left=mid+1;// 待查找的数在序列右半边，序列缩小
    }
}
System.out.println(" 找到的位置: " + pos);
```

任务 5　行列式计算

知识准备

1．二维数组

前边任务中所使用的都是一维数组。一维数组只具有一个维度，可以存放诸如线性表等一行的若干数据。二阶行列式形如 $\begin{vmatrix} a_{00} & a_{01} \\ a_{10} & a_{11} \end{vmatrix}$，值为 $a_{00}a_{11} - a_{01}a_{10}$。一个行列式具有多行、多列数据，具有二个维度：行和列，将第一个维度称为行，第二个维度称为列。

二维数组的定义格式与一维数组相似。需要注意的是，每一维的长度都需要单独的一对 [] 给出。同样，引用二维数组元素时，也需要使用两对 [] 来依次给出第一维、第二维的下标。第一维的长度称为行数，直接使用二维数组的 length 属性即可得到其行数；一般将第二维的长度称为列数。

二维数组其实是一维数组的数组，它的每一行都是一个一维数组。比如，本任务实施的程序中数组变量 d 所引用的数组，长度为 d.length 即 2，具有两个元素：d[0]、d[1]，都是一维数组，分别对应两行。d[0] 数组的长度为 d[0].length，d[1] 的长度为 d[1].length。

注意：Java 语言中二维数组的每一行的长度不一定相同。

2．for each 循环语句

for each 循环语句可以对一个集合类对象（如数组）的所有元素依次循环访问，语句的格式为：

for(数据类型　**e**：集合类对象 **) {**
　　// 每次循环，e 就是集合中的一个元素
}

代码示例：

```
int[] arr= {1,3,5,7,9};
for(int e: arr) {
    System.out.println(e);
}
```

for each 语句提供了对数组所有元素访问的简便方式，但是它不能有选择地访问部分元素，也不能对元素进行修改。

任务实施

随机生成并计算二阶行列式的程序代码如下：

```
int[][]d=new int[2][2];
Random rand = new Random();
for(int i=0; i<d.length; i++) {
    for(int j=0; j<d[i].length; j++) {
        d[i][j]=rand.nextInt(10);
        System.out.print(d[i][j] + "\t");
    }
    System.out.println();
}
int val=d[0][0]*d[1][1]-d[0][1]*d[1][0];
System.out.println(val);
```

项目总结

数组是 Java 语言中的复合数据类型之一，用于存放多个相同类型的数据。数组的特点是空间静态、元素类型一致。

数组按维度可以分为一维数组、二维数组和多维数组，一维数组的应用较为广泛，二维数组可以看作一维数组的数组。本项目主要以一维数组为基础，以多个任务分析了基于数组的排序、查找等算法应用。

练习

1）数组具有一个属性_____，它表示元素的个数。

2）数组 {1, 3, 5, 7, 9} 的长度是_____，其中第一个元素的下标为_____，最后一个元素的下标为_____。

3）设有数组 int[]a=new int[3];则下面对于数组元素的引用中，错误的是_____。
   （A）a[0]　　　（B）a[a.length-1]　　　（C）a[3]　　　（D）int i=1; a[i]

4）用于定义并创建一个二维数组的是_____。
   （A）int[5][5]a=newint[][];
   （B）int a=new int[5,5];
   （C）int[][]a=new int[5][5];
   （D）int[][]a=new[5]int[5];

5）编写程序，删除数组中某个位置的值，后边空余的元素空间用整数 999 填补。

6）编写程序，使用数组生成 Fibonacci 数列的前 20 项。

7）编写程序，生成 [0，100] 以内的 10 个不重复的随机整数。

项目 6 字符串处理

项目概述

对文字（字符串）信息进行分析处理，比如，将文字表示的简单算术式子转换为算术表达式，统计一段文字中单词的出现频率或不同单词。

项目分析

文字也是数据，在程序设计语言中一般将文字称为字符串。字符串中的内容往往可以包含一些特殊的信息，通过字符串的相关操作，可以提取出这些信息。对于文字的常见操作有内容查找、内容统计、信息提取等。

知识与能力目标

- String 类的常用方法。
- 字符串与基本类型的转换，基本类型封装类应用。
- 字符串的查找、截取等操作。
- 集合的概念，List、Set、Map 接口应用。

任务1　四则运算式计算

知识准备

四则运算只包含加减乘除4种基本运算。对形如"3.5+9.63"的四则运算字符串求值，假定两个数字都是正数，且不包含正号。

1. 字符串及常用方法

字符串中字符的数量称为字符串的长度。例如，"tzpc"的长度为4，"C:\\"的长度为3，"\u0041bc"的长度为3。

字符串是字符的序列，其中的每个字符都有一个位置编号，编号的规则是自左向右、由0开始递增的连续整数。例如，"tzpc"中 't' 的编号为0，'z' 的编号为1，'p' 的编号为2，'c' 的编号为3。

字符串中部分内容（不改变原来顺序）组成的字符串，称为子串（substring），如"tzpc"、"tz""z"都是"tzpc"的子串，而"zt""tzcp"都不是它的子串。

在一个字符串 s 中，某个子串 t 的位置是 t 的首字符在 s 中的位置编号。例如子串"tz"在"tzpc"中的位置为0，子串"ld"在"world"中的位置为3。

字符串的常用方法见表6-1。

表6-1　字符串的常用方法

方　　法	说　　明
length()	返回字符串的长度 "".length()=0 "tzpc".length=4
equals(t)	判断是否与 t 的内容相同（区分大小写） "tzpc".equals("tzpc")=true "tzpc".equals("tz")=false "tzpc".equals("Tzpc")=false
equalsIgnoreCase(t)	判断是否与 t 的内容相同（不区分大小写） "tzpc". equalsIgnoreCase ("tzpc")=true "tzpc". equalsIgnoreCase ("Tzpc")=true
charAt(p)	返回第 p 个位置上的字符 "tzpc".charAt(0)='t'
substring(b, e)	返回从第 b 个位置开始，到第 e 个位置前边结束的子串（子串的长度为e-b） "tzpc".substring(1,3)= "zp"
substring(b)	返回从第 b 个位置开始，直至末尾的子串 "tzpc".substring(1)="zpc"
indexOf(t)	从第一个字符开始向后查找子串 t 的位置，如果找不到则返回 -1 "delete".indexOf("e")=1 "delete".indexOf("re")=-1

（续）

方法	说明
indexOf(t, p)	从第 p 个字符开始向后查找子串 t 的位置 "delete".indexOf("e", 1)=1 "delete".indexOf("e", 2)=3 "delete".indexOf("te", 4)=4 "delete".indexOf("te", 5)=-1
lastIndexOf(t)	从末尾开始向前查找子串 t 的位置 "state".lastIndexOf("te")=3 "state".lastIndexOf("ts")=-1
lastIndexOf(t, p)	从顺数第 p 个字符开始向前查找 "state".lastIndexOf("t", 2)=1
startsWith(t)	判断是否以 t 的内容开头 "state".startsWith("st")=true " 张三 ".startsWith(" 李 ")=false
endsWith(t)	判断是否以 t 的内容结尾 "hill.jpg".endsWith(".jpg")=true
replaceAll(s, t)	用 t 的内容替换所有子串 s，得到一个新的字符串（原来的字符串不变） "delete".replaceAll("e", "E")="dElEtE"
toUpperCase()	将字符串中所有英文字符转换为大写，得到一个新的字符串（原来的字符串不变） "Hello".toUpperCase()="HELLO"
toLowerCase()	将字符串中所有英文字符转换为小写，得到一个新的字符串（原来的字符串不变） "Hello".toLowerCase()="hello"
trim()	截去字符串首尾的所有空格，得到一个新的字符串（原来的字符串不变） " a b ".trim()="a b"
split(s)	将字符串以 s 的内容为分隔，分离成多个字符串，构成字符串数组 "ab,c,def".split(",")={"ab", "c", "def" }

2. 基本类型的封装类

Java 语言为每个基本类型都提供了对应封装类，这些类除了提供与基本类型相关的属性和方法，还提供了基本类型与字符串之间相互转换的方法，见表 6-2。

表 6-2 基本类型对应的封装类

基本类型	封装类	封装类的常用方法	
char	Character	isDigit(char)	判断是否为数字字符
		isLetter(char)	判断是否为字母
		isLowerCase(char)	判断是否为小写字母
		isUpperCase(char)	判断是否为大写字母
		toLowerCase(char)	转换为小写
		toUpperCase(char)	转换为大写
int	Integer	decode(String)	根据字符串中的进制格式转换为 Integer 对象
		intValue()	返回整型值
		parseInt(String)	将字符串转换为整数
		toBinaryString(int)	将整数按二进制转换为字符串
		toHexString(int)	将整数按十六进制转换为字符串
		toOctalString(int)	将整数按八进制转换为字符串
		valueOf(String)	将字符串转换为 Integer 对象
		valueOf(String,int)	根据指定的进制将字符串转换为 Integer 对象

(续)

基本类型	封装类	封装类的常用方法	
double	Doule	doubleValue()	返回 double 类型值
		parseDouble(String)	将字符串转换为 double 值
byte	Byte	byteValue()	返回 byte 类型值
		parseByte(String)	将字符串转换为 byte 值
short	Short	shortValue()	
		parseShort(String)	
long	Long	longValue()	
		parseLong(String)	
float	Float	floatValue()	
		parseFloat(String)	
boolean	Boolean	booleanValue()	
		parseBoolean(String)	

另外，数值类型的封装类还提供了如 MAX_VALUE、MIN_VALUE 等常量。

基于基本类型的值创建一个对应的封装类对象的完整格式如下：

封装类 变量名 =new 封装类名（值）;

这个过程称为封装（或称为装箱），如

Integer objInt=new Integer(4);

将封装类对象所对应的基本类型的值取出来，称为拆封（或称为拆箱），如：

int i = objInt.intValue();

Java 语言提供了自动封装和自动拆封的机制，上述封装和拆封语句可以写为：

Integer objInt = 4;// 自动封装成 Integer 对象

int i = objInt;// 自动拆封成 int 值

任务实施

1. 四则运算计算

四则运算表达式字符串 expression 中包含两个数值，中间使用 +-*/ 四个符号之一来分隔，首先查找符号的位置，将符号之前的内容转换为第一个运算数据，符号之后的内容转换为第二个运算数据，最后根据符号进行相应的计算。算法如下：

1）expression 表示四则运算的表达式字符串。

2）loc 用于记录运算符号的位置，op 用于记录运算符号：expression 中如果含有 "+"，则 loc="+" 的位置、op="+"；如果含有 "-"，则 loc="-" 的位置、op="-"；如果含有 "*"，则 loc="*" 的位置、op="*"；如果含有 "/"，则 loc="/" 的位置、op="/"。

3）sLeft 用于表示符号左边的内容，sRight 用于表示符号右边的内容：sLeft=expression 中第 0～第 loc-1 个字符部分，sRight=expression 中第 loc+1 个字符直到末尾的部分。

4）vLeft=sLeft 字符串内容对应的数值；vRight=sRight 字符串内容对应的数值。

5）对 vLeft 与 vRight 按运算符号 op 进行计算。

调用 expression.indexOf(t) 方法可以在 expression 中查找是否存在某个运算符，以及该运算符的位置：loc=expression.indexOf("+");，如果 loc>=0，则说明存在加号，并已经得到其位置，否则应该继续查找减号，依此类推。

调用 expression.substring(m,n) 方法可以截取 expression 中第 m 个字符至第 n-1 个字符构成的子串，expression.substring(p) 方法可以截取 expression 中第 p 个字符直到末尾的子串，如 expression.substring(0, loc)、expression.substring(loc+1) 分别获得运算符号左、右的子串。

调用 Integer.parseInt(s) 可以将字符串 s 中的内容转换为整数，如 Integer.parseInt(3) 的结果为整数 3。同样，Double.parseDouble(s) 可以将字符串 s 中的内容转换为 double 实数。

程序代码如下：

```java
package string_process;
import java.util.Scanner;
public class ExpressionCompute {
    public static void main(String[] args) {
        String expression="3.5+9.63";
        Scanner keyboard=new Scanner(System.in);
        System.out.println(" 请输入四则运算表达式，如 3.5+9.63：");
        expression=keyboard.nextLine();
        int loc=0;
        String op="";
        if(expression.indexOf("+")>=0) {
            loc=expression.indexOf("+");
            op="+";
        }
        if(expression.indexOf("-")>=0) {
            loc=expression.indexOf("-");
            op="-";
        }
        if(expression.indexOf("*")>=0) {
            loc=expression.indexOf("*");
            op="*";
        }
        if(expression.indexOf("/")>=0) {
            loc=expression.indexOf("/");
            op="/";
        }
        String sLeft=expression.substring(0, loc);
        String sRight=expression.substring(loc+1);
        double vLeft=Double.parseDouble(sLeft);
        double vRight=Double.parseDouble(sRight);
        double result=0;
        if(op.equals("+")) result=vLeft + vRight;
        if(op.equals("-")) result=vLeft - vRight;
        if(op.equals("*")) result=vLeft * vRight;
        if(op.equals("/")) result=vLeft / vRight;
```

```
        System.out.println(expression + "=" + result);
    }
}
```

2．统计一个字符串中所有整数的总和

字符串中整数之间使用一个空格分隔，程序代码如下：

```
String s="12 34 546 767 232";
int sum=0;
String[]strNumbers=s.split(" ");// 参见表 6-1 中关于 split 方法的说明
for(String e : strNumbers) {
    sum+=Integer.parseInt(e);
}
System.out.println(" 总和： " + sum);
```

任务 2　词 频 统 计

任务实施

在一段文字 s 中统计某个词 t 出现的次数，就是统计 s 中子串 t 的个数。统计过程如图 6-1 所示，其中首次查找的起始位置为 0，设首次找到的位置为 p（p 如果为 -1 则表示未找到，无须继续查找），则第二次查找的起始位置应该是 p+t.length()。

图 6-1　在一段文字中进行词频统计的过程

程序代码如下：

```
String s=" 泰州职业技术学院为江苏省文明校园、江苏省高等学校和谐校园、江苏省园林式学校、教育部人才培养工作水平评估"优秀"等级院校，江苏省示范性高职院校建设单位。";
String t=" 江苏省 ";
int times=0;
int p=0;
while(s.indexOf(t, p)>=0) {
    times++;
    p=s.indexOf(t, p) + t.length();
}
System.out.println(" 词频： " + times);
```

任务 3 单词提取

 知识准备

集合是存放 N（N≥0）个相同类型元素的容器（即使数据类型不同，都会默认自动转换为 Object 类型后再放入）。对于具体的集合，元素可能有序也可能无序，可能允许重复也可能不允许重复。

1．List 接口

链表 java.util.List 接口是一种有序的集合（元素按加入的顺序编排索引号，索引号由 0 开始），其空间数量根据实际存放的数据量即时变化。因此，链表又称为动态数组。

注意：此处的集合与数学中的集合概念不同。

链表中元素默认为 Object 类型，所以其中可以存储任何类型的值（所有值在进入链表时均自动转换为 Object 类型），但在取出元素时，应该将元素值由 Object 类型强制转换为实际类型。这样的特点使得程序在编译时难以判别数据类型不一致，而且取出元素时的强制类型转换也增加了代码量。比如定义：

List words;

拟在所定义的链表变量 words 中存放字符串元素，但是系统又允许将诸如 Integer、Shape 等其他类型的对象放入 words，从而带来数据处理的难度。

Java 语言通过泛型解决这个问题。在定义链表变量、创建链表对象时，使用 <E> 来指定元素的类型，其中 E 就是元素的类型，语法格式：

List<E> 链表变量；

如：List<String> words;

List 接口不能被实例化，但可以通过它的实现类 java.util.ArrayList 来创建链表对象，格式为：

链表变量 = new ArrayList<>();

注意：创建对象时，具体的泛型类型可以省略，只需要给出一对空的 <>。

向链表中添加元素的方法为 put(e)，其中参数 e 的类型必须与定义时的泛型 E 一致。也可以像数组那样使用 for each 循环来遍历访问所有元素。

List 接口是 java.util.Collection 的子接口。Collection 接口是 Java 语言中集合的基础，定义了集合常用的方法，见表 6-3。

表 6-3 Collection 接口的常用方法

方 法	说 明
add(e)	向集合中增加一个元素 e
addAll(Collection c)	将另一个集合 c 中的所有元素加入集合
clear()	清除集合中所有元素
boolean contains(e)	测试集合中是否包含指定元素
boolean isEmpty()	测试集合是否为空
boolean remove(e)	如果存在元素 e，则删除（删除了元素则返回 true）
int size()	返回集合中元素的数量

List 接口继承了 Collection 接口，除了 Collection 中的方法外，还有自己的方法。List 中的元素与数组元素相似，具有下标。List 接口的常用方法见表 6-4。

表 6-4　List 接口的常用方法

方　　法	说　　明
add(e)	将新的元素添加在所有元素的末尾
add(int index, E e)	在指定元素位置插入新的元素，相应位置及其后元素向后移动
E get(index)	获取指定下标的元素
int indexOf(e)	查找第一个与 e 相等的元素的下标，没有找到则返回 -1
E remove(index)	删除指定下标的元素，返回值为所删除的元素

一般，将 List 接口应用于处理数据个数不确定、有序、允许存在重复值的场合。

2．Set 接口

java.util.Set 集合中不允许出现重复的元素，如果再次加入相同元素，则会替换已存在的相同元素。

Set 也是 Collection 的子接口，但它的元素是无序的、不重复的。因此，Set 没有 add(index, e)、get(index)、indexOf(e) 等与元素下标相关的方法。

HashSet 是 Set 的实现类，可以通过 HashSet 来创建 Set 的对象。

3．Map 接口

java.util.Map 接口又称为映射，这种集合中的元素较为特殊，每个元素除了本身的值外，还带有一个关键字。有点类似于数组，数组元素除了值外，还有下标；可以把映射中元素的关键字看作它的下标，只不过这种下标不是整数，而是对象。映射中的元素是无序的，且不允许出现相同关键字的元素。

映射中的元素形式为"键 - 值"对，放入的每个值（value）都应该给予一个键（key）；根据一个确定的 key 就可以取得对应的 value，如果不存在对应 key 的元素，则得到 null。

Map 变量定义格式为：

Map<K, V> 变量名；

其中泛型给出了两个类型，K 为键的类型；V 为值的类型。

HashMap 是 Map 接口的实现类，可以创建映射对象：

变量名 = new HashMap<>();

例如，存放单词与出现次数的映射，可以定义为：

Map<String, Integer> words = new HashMap<>();

Map 接口的常用方法见表 6-5。

表 6-5　Map 接口的常用方法

方　　法	说　　明
put(key, value)	向映射中添加元素，方法的参数分别给出了新元素的键和值
get(key)	根据参数指定的键获取映射中的元素值，如果没有找到指定键的元素，则返回 null
entrySet()	获得映射中所有元素，每个元素是一个 Entry<K, V> 对象，可以通过元素的 getKey() 和 getValue() 取得其键和值
keyset()	获得映射中所有键的集合

任务实施

1. 统计一段文字中出现的全部单词

如果有下面这样一段文字：

All general-purpose Collection implementation classes (which typically implement Collection indirectly through one of its subinterfaces) should provide two "standard" constructors: a void (no arguments) constructor, which creates an empty collection, and a constructor with a single argument of type Collection, which creates a new collection with the same elements as its argument. In effect, the latter constructor allows the user to copy any collection, producing an equivalent collection of the desired implementation type. There is no way to enforce this convention (as interfaces cannot contain constructors) but all of the general-purpose Collection implementations in the Java platform libraries comply.

其中单词以空格、左右括号、逗号、句号、双引号、冒号分隔，首先需要将这段文字中的单词提取出来，然后存放在像数组一样的空间中，以便于后期处理。

逐个扫描文字中的每个字符，如果它是标点字符（空格、左右括号、逗号、句号、双引号、冒号）之一，则表示可能遇到了一个单词的末尾；否则表示一个单词正在继续。提取单词的算法流程图如图6-2所示。

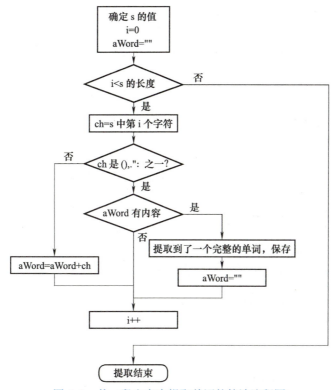

图6-2 从一段文字中提取单词的算法流程图

条件表达式 " (),.\":".indexOf(ch)>=0 可用于判断 ch 是否为标点字符之一。

根据已学知识，可以使用 String 类型的数组来存放每次提取到的单词。Java 语言中的数组是静态的,即一经创建其长度就不能改变。因为执行提取操作之前,不能确定单词的数量,所以为了确保数组的元素数量足够容纳全部单词,可以给数组一个足够大的长度,如:
String[] words = new String[1024];

这种办法的缺点是既可能存在数组元素空间浪费,又可能存在空间数量不足的风险。因此,此处采用动态数组。

程序代码如下:

```java
public static void main(String[] args) {
    String s="All general-purpose Collection implementation classes "
        + "(which typically implement Collection indirectly through"
        + " one of its subinterfaces) should provide two \"standard\""
        + " constructors: a void (no arguments) constructor, which "
        + "creates an empty collection, and a constructor with "
        + "a single argument of type Collection, which creates a new"
        + " collection with the same elements as its argument."
        + " In effect, the latter constructor allows the user to copy"
        + " any collection, producing an equivalent collection of"
        + " the desired implementation type. There is no way to enforce"
        + " this convention (as interfaces cannot contain constructors)"
        + " but all of the general-purpose Collection implementations"
        + " in the Java platform libraries comply.";
    s=s.toLowerCase(); // 转换为小写(处理时不区分大小写)
    String sign=" (),.\":"; // 所有标点符号构成一个字符串
    String aWord = " " ; // 用于表示提取到的一个单词
    // 存放所有单词的列表(动态数组)
    List<String> words = new ArrayList<>();
    // 依次对文字 s 中的每个字符进行扫描
    for(int i=0; i<s.length(); i++) {
        char ch=s.charAt(i);
        // 如果当前字符是标点符号之一,则意味着一个单词可能已经提取完成
        if(sign.indexOf(ch)>=0) {
            //aWord 不空,表示已经提取到单词
            if(aWord.length()>0) {
                words.add(aWord); // 单词添加到列表中
                aWord=""; // 清空变量,准备提取下一个单词
            }
        }else {// 不是标点符号,则将字母连接到当前的单词上
            aWord = aWord + ch;
        }
    }
    // 使用 for each 语句遍历输出所有单词
    for(String e : words) {
        System.out.println(e);
    }
}
```

2. 统计一段文字中出现了哪些不同的单词

任务要求相同的单词只保留一个。每提取到一个单词，就可以对链表元素进行查找（如 contains 或 indexOf 方法），如果已存在相同的单词，则不加入链表。此处利用 Set 中元素不重复的特性来实现。

程序代码如下：

```java
public static void main(String[] args) {
    String s="All …… comply."; // 此处省略 s 的内容
    s=s.toLowerCase();// 转换为小写（处理时不区分大小写）
    String sign=" (),.\":"; // 所有标点符号构成一个字符串
    String aWord = ""; // 用于表示提取到的一个单词
    // 存放所有单词的集合
    Set<String> words = new HashSet<>();
    // 依次对文字 s 中的每个字符进行扫描
    for(int i=0; i<s.length(); i++) {
        char ch=s.charAt(i);
        // 如果当前字符是标点符号之一，则意味着一个单词可能已经提取完成
        if(sign.indexOf(ch)>=0) {
            //aWord 不空，表示已经提取到单词
            if(aWord.length()>0) {
                words.add(aWord);// 单词添加到集合中
                aWord="";// 清空变量，准备提取下一个单词
            }
        }else {// 不是标点符号，则将字母连接到当前的单词上
            aWord = aWord + ch;
        }
    }
    // 使用 for each 语句遍历输出所有单词
    for(String e : words) {
        System.out.println(e);
    }
}
```

3. 统计一段文字中不同单词出现的次数

可以利用 Map 集合中元素的关键字不允许重复、元素由关键字与值构成这两个特性来实现。

程序代码如下：

```java
public static void main(String[] args) {
    String s="All …… comply."; // 此处省略 s 的内容
    s=s.toLowerCase(); // 转换为小写（处理时不区分大小写）
    String sign=" (),.\":"; // 所有标点符号构成一个字符串
    String aWord = ""; // 用于表示提取到的一个单词
    // 存放所有单词的集合
    Map<String, Integer> words = new HashMap<>();
    // 依次对文字 s 中的每个字符进行扫描
```

```java
for(int i=0; i<s.length(); i++) {
    char ch=s.charAt(i);
    // 如果当前字符是标点符号之一，则意味着一个单词可能已经提取完成
    if(sign.indexOf(ch)>=0) {
        //aWord 不空，表示已经提取到单词
        if(aWord.length()>0) {
            // 从映射中取出以单词为键的元素值
            Integer times = words.get(aWord);
            // 如果得到的值是 null，则说明此单词首次出现，将次数置 0
            if(times == null) times=0;
            times++; // 次数加 1
            // 将单词 - 次数的键值对加入映射中
            words.put(aWord, times);
            aWord=""; // 清空变量，准备提取下一个单词
        }
    }else {// 不是标点符号，则将字母连接到当前的单词上
        aWord = aWord + ch;
    }
}
// 使用 for each 语句遍历输出所有单词及出现次数
for(Entry<String, Integer> e : words.entrySet()) {
    System.out.println(e.getKey() + ":" + e.getValue());
}
```

项目总结

字符串在 Java 语言中使用 String 类表示，它提供了一系列常用方法用于对字符串的操作。通过基本类型的封装类，可以把以文字形式表示的数字转换为基本类型的数据。

Java 语言中数组是静态的，使用方便，但是不适用于元素个数可变等动态的应用场合，集合可以看作动态的数组，通过其提供的方法可以方便地进行元素添加和删除操作。常用的基本集合有 List、Set 和 Map。

练习

1）字符串的方法_____可以返回它的长度，"abc\t" 的长度为_____。

2）借助字符串的连接与查找功能，生成 10 个不重复的整数。

3）某次投票结果为：张三、李四、张三、王五、张三、李四、张三、王五、张三、李四、张三、王五、张三、李四、张三、王五、张三、李四、张三、王五。请编写程序统计出每个人的得票数。

项目 7　简单的文本编辑器

项目概述

设计一个与 Windows 操作系统中记事本相似的简单文本编辑器程序。

项目分析

Windows 操作系统中提供的记事本程序可以用于编辑文本文件,界面中含有菜单和文本编辑区域,提供了文件打开、保存、另存、剪贴板操作、字体设置等功能。

在设计一个窗口程序时,首先应初步设计好程序的界面,编写相应的窗口类代码,然后使用 Java 语言中的事件处理机制来实现各个界面元素的功能。

知识与能力目标

- 面向对象程序设计的基本概念。
- 类的定义,对象的创建与引用。
- 输入输出流与文件访问。
- 异常与异常处理机制。
- 窗口程序设计。
- 窗口组件应用与菜单设计。
- 事件处理。

任务1 自定义类

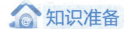 知识准备

1. 类与对象

面向对象程序设计（OOP）是当前流行的程序设计方法。OOP 认为程序是由对象（类）组成的，程序要处理的也都是一个个对象。例如，"学生管理系统"程序中处理的是学生、课程、班级等对象。

类（class）是创建对象的模板，可以看作一种类型（复合类型）。类是抽象的、归纳后的概念，如"人"类，它有出生日期、性别等特征，也具有行走、说话等功能。对象是具体存在的，比如，张三就是属于"人"类中存在的个体。由类产生一个对象，这样创建对象的过程称为实例化。

在面向对象程序设计中，类中提供一组相关的数据和操作，当需要使用另一个对象提供的方法时，通过另一个对象去调用即可。类的成员有两种：属性（field）和方法（method）。属性即数据，用于表示对象的特征，如学生的性别、年龄、家庭地址等。方法是一系列操作，具有一定的功能，如学生的入学、退学、打印个人信息等。

类的封装是将类的属性与方法结合在一起。对属性的访问，与对普通变量的访问一样，分为读取值与设置值两种。一个对象的属性应该隐藏起来，不允许被别的对象直接访问，但会提供相关的方法，让外界访问它们。对象中对属性设置的方法，称为设置器（setter）。设置器方法的名字也有规范：set+ 属性名，其中属性名首字母改为大写，如属性 age 的设置器方法名为 setAge。获取属性值的方法，称为获取器（getter），对于 boolean 类型的属性，获取器方法名为 is+ 属性名，其余类型为 get+ 属性名。

使用已经存在的类，可以节省大量的代码编写时间，提高程序设计效率。例如，难以想象一个窗口类 JFrame 的复杂程度，而在程序中，根本不需要关心窗口类如何做到在屏幕上画出一个图形界面，要做的就是创建它的对象，然后调用它的方法。

2. 属性

属性是指类中定义在方法之外的变量，它们定义时的顺序（包括与方法的先后位置）没有特别要求，属性的作用域是整个类。在一个方法中，如果同时受到属性的作用域和局部变量的作用域的影响（即存在与属性同名的局部变量），则局部变量会屏蔽属性的使用，但通过 this 可以使用属性，this 表示当前对象。如方法：

```
public void setName(String name) {
    this.name = name;
}
```

定义了与属性同名的参数 name，因此语句 this.name = name；中前者表示属性 name，后者表示参数 name。

属性一般使用 private 修饰，表示对于类的外边是隐藏的，因此类的外边也就无法直接得到或修改它的值。

3．方法

方法的定义格式：

[访问修饰符] 返回值类型 方法名 ([参数列表]) {
  语句；
}

方法的访问修饰符可以是 public、protected、private，也可以省略，作用见表 7-1。

表 7-1　方法的访问修饰符

修饰符	访问特性
public	所有类中都可以访问它
protected	同一个包中的所有类中都可以访问它。无论子类是否在同一个包中，子类中都可以访问它
private	只有自己类中可以访问它
省略	同一个包中的所有类中都可以访问它

通常情况下，方法都使用 public 修饰。

调用方法能否得到一个值、值的类型是什么，这就是方法的返回值情况，它由方法定义时的"返回值类型"决定。返回值类型可以是 void、基本类型、数组、类等复合类型之一，其中 void 表示方法不返回任何值。

方法名属于标识符，其命名规则参见项目 1 的相关内容。

方法名后边使用 () 给出参数列表，表示调用这个方法时，应该提供参数的情况。参数列表中的参数称为形参。参数列表的格式是：

类型 1　参数名 1，类型 2　参数名 2…

可以有 0 个、1 个或多个参数，每个参数都必须单独给出数据类型，参数之间使用逗号分隔。例如：

public void fun(int x, int y){…

不能写成：

public void fun(int x, y){…

[访问修饰符] 返回值类型方法名 ([参数列表]) 称为方法头部，它明确了方法的访问特性、返回值类型、方法名和参数要求；后边一对 {} 给出的若干语句，称为方法体，它明确了方法的功能。

方法的调用可以单独构成一条语句。非 void 方法的调用可以组成表达式。调用方法的位置称为调用点。当方法体中所有语句都执行完毕后，方法调用结束，此时程序退回到调用点，继续执行调用点后面的语句。方法的调用与返回过程如图 7-1 所示。

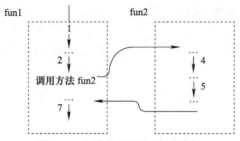

图 7-1　方法的调用与返回过程

在 Java 的 Application 程序中，所有方法都是由 main 方法直接或间接调用执行的，而 main 方法又是由 JVM 调用的。

方法体中也可以使用 return 语句强制结束方法的调用，从方法中退出。

如果方法有返回值，则必须使用语句：

return 表达式;

来返回一个值。其中表达式的类型应该与方法头部的返回值类型相同或能够自动转换。

方法调用时给出的参数称为实参。实参与形参的数量必须相同，类型必须一一对应地相同或能够自动转换。方法调用时，如果参数是简单数据类型，则直接将实参的值赋给形参；如果参数是复合类型，则将实参对某个对象的引用赋给形参，此时形参与实参引用同一对象。

例如，add 方法定义为：

```java
public int add(int x, int y) {
    x=x*2;
    y=y*3;
    return x+y;
}
```

其中，方法头部定义了两个形参：x 和 y。

方法的调用语句：

```java
int a=4, b=6;
int sum=add(a, b);
```

其中，a 和 b 是实参，实参与形参之间值的传递过程如图 7-2 所示。实参只是一一对应地把值赋给形参，此后实参与形参再无关系。因此，在 add 方法中对形参 x、y 的修改，并不会影响到实参 a、b 的值。

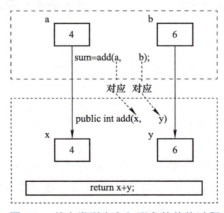

图 7-2　基本类型实参与形参的传值过程

再如 changeArray 方法：
```
public void changeArray(int[] arr) {
    for(int i=0; i<arr.length; i++) {
        arr[i]=arr[i]*2;
    }
}
```
定义了一个数组形参（数组不属于基本数据类型）。

方法的调用：
```
int[]numbers= {1,2,3,4};
changeArray(numbers);
for(int e : numbers) {
    System.out.print(e + "\t");
}
```

此时，实参与形参之间已不再是简单地赋值，而是将实参的引用赋给形参，使形参与实参所引用的是同一数组，在方法中通过形参 arr 修改数组的元素，也就使得外面 numbers 的数组同样变化。数组参数的传递过程如图 7-3 所示。现在你应该能够理解项目 5 中介绍的 Arrays.sort() 方法为什么能够在原数组上对元素排序了。

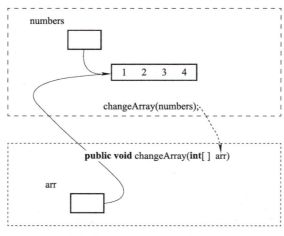

图 7-3　数组参数的传递过程

如果方法的参数类型为类，则实参与形参的关系特点与数组参数一样。通过调用形参的方法修改其属性值，也会导致外面实参属性值的相应变化。

4．方法的递归调用

一个方法直接或间接地调用自己，称为递归调用。语法格式如下：
```
// 直接递归
public void fun() {
    ...
    fun();
    ...
}
// 间接递归
```

```
public void fun1() {
    ...
    fun2();
    ...
}
public void fun2() {
    ...
    fun1();
    ...
}
```

方法调用时需要占用系统的内存，来保留程序执行的现场（调用点的状态），以便方法执行完毕时返回到调用点（恢复现场）继续向下执行。递归调用时，会发生多次保留现场与恢复现场的操作，从而占用较多系统资源。应该防止无止境的递归调用，否则会导致系统资源耗尽。

例如，计算阶乘的求解过程可以表示为：$factorial(n)=\begin{cases}1 & n=1\\ n\times factorial(n-1) & n>1\end{cases}$，当 n>1 时，需要借助 factorial 方法不断重复计算阶乘的过程，终止的条件为方法的参数 n=1，此时不需要继续计算，可以直接得到结果。程序代码如下：

```
public long factorial(int n) {
    if(n>1) {
        return n * factorial(n-1);
    }else {
        return 1;
    }
}
```

5．构造方法

每个类至少会有一个构造方法。构造方法是一种特殊的方法，它没有任何返回值（方法头部返回值类型也不能使用 void），名字与类名完全相同。它只能使用 new 关键字调用或在其他构造方法中调用。构造方法在创建对象时被自动调用，所以它一般可以用来对属性进行初始化操作。

如果一个类中没有显式定义构造方法，系统就会自动为它产生一个隐式的、无参数的、空的构造方法。

new 关键字用于以类为模板创建一个对象，创建时自动调用类的构造方法，如 new Student() 就是在创建学生对象时，同时执行 Student() 构造方法。

因为对象是以类为模板创建的，所以对象就有与类一样的属性和方法，也就可以通过调用对象的方法来读取或设置属性的值，使用对象的某些功能。

6．static 成员

类的属性和方法统称为成员。按照它们定义时是否使用 static 修饰，成员可以分为类成员和实例成员两种。

类成员在定义时使用 static 修饰，如 main 方法。类成员也可以称为静态成员，如静态属性、静态方法。类成员可以通过对象来访问，但它不依赖于对象，它也可以通过类直接访问，如 Math.PI 就是访问数学类中的静态常量属性 PI，Math.abs() 就是访问类中的静态方法 abs。

实例成员在定义时不使用 static 修饰，也可称为非静态成员。实例成员依赖于对象，也就是说如果没有对象，就无法使用类中的实例属性或实例方法。例如，String 类的 length() 方法必须通过一个具体的字符串对象来调用。

注意：在一个类中，非静态方法中可以直接使用静态属性或直接调用静态方法。而静态方法中不允许直接使用非静态属性或直接调用非静态方法。代码示例如下：

```
package oop;
public class StaticOrNonstatic {
    private int x=3;// 非静态属性
    private static int y=4;// 静态属性

    public static void main(String[] args) {
        System.out.println(x);// 不允许
        System.out.println(y);// 允许
        fun1();// 允许
        fun2();// 不允许
    }

    public static void fun1() {
        System.out.println(" 我是静态方法 ");
        fun2();// 不允许
    }

    public void fun2() {
        System.out.println(" 我是非静态方法 ");
        fun1();// 允许
    }
}
```

7．类的继承

继承是实现代码复用的重要途径。图 7-4 描述了一种继承关系。说明：UML（Unified Modeling Language，统一建模语言）中使用带实线的空心箭头表示继承关系，箭头所指向的为父类。

图中顶端的形状类是一个比较抽象、范围大的类，向下可以细分为若干更为具体、范围更小的类，如四边形、圆，这种关系称为继承，上面的类称为父类（超类），下面的类称为子类。子类能够继承得到父类的特征，可以说"子类就是父类"，如"正方形就是矩形"。

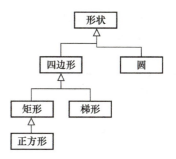

图 7-4　各种形状的继承关系

在 Java 语言中，Object 类是所有类的父类，其余所有的类都直接或间接地继承了 Object 类。Object 类具有 equals()、clone()、toString()、getClass() 等基本的方法。

Java 语言只支持单继承，即一个类只能有一个父类。在定义一个类时，如果没有明确指出类的继承关系,则它继承 Object 类。

类的继承语法格式:

class 类名 **extends** 父类名 {...

例如,Shape 类定义代码如下:

```java
package oop;
public class Shape {
    private int x,y;

    public Shape() {
        x=y=0;
        System.out.println(" 执行了 Shape 类的构造方法 ");
    }

    public int getX() {
        return x;
    }
    public void setX(int x) {
        this.x = x;
    }
    public int getY() {
        return y;
    }
    public void setY(int y) {
        this.y = y;
    }

    public void printMe() {
        System.out.println("Shape 对象 x=" + x + ",y=" + y);
    }
}
```

定义一个 Circle 类,继承 Shape 类,代码如下:

```java
package oop;

public class Circle extends Shape {
    private double r;

    public Circle() {
        //super();
        r=0;
        System.out.println(" 执行了 Circle 类的构造方法 ");
    }

    public double getR() {
```

```
        return r;
    }

    public void setR(double r) {
        this.r = r;
    }

    public double getArea() {
        return Math.PI * r * r;
    }

    public void printMe() {
        System.out.println("Circle 对象 x=" + getX() + ",y=" + getY() + ",r=" + r);
    }
}
```

执行如下语句：
```
Circle circle = new Circle();
circle.printMe();
```

输出结果为：

执行了 Shape 类的构造方法
执行了 Circle 类的构造方法
Circle 对象 x=0,y=0,r=0.0

分析以上程序代码及运行结果，可知：

1）子类可以承继父类的属性和方法，也可以增加自己特有的属性或方法。

例如，子类 Circle 除了得到父类的属性和方法外，还定义了属性 r 和 getArea() 方法。

2）子类不继承父类的构造方法，但子类的构造方法被执行时，首先会自动调用父类的无参数的构造方法。

也可以在子类的构造方法中使用 super 显式地调用父类的构造方法，但必须作为子类构造方法中的第一条语句。

3）子类可以继承父类中除了 private 修饰的属性和方法之外的所有属性和方法。

例如，子类 Circle 没有继承得到 Shape 的 x、y 属性。不过，子类可以通过继承得到的 getX() 等方法访问 x、y 属性。

4）如果子类定义了与父类中同名的属性或方法，则子类不能继承得到父类的同名属性或方法，此时子类的成员覆盖（override）了父类的同名成员。发生覆盖时，如果需要在子类中访问父类的同名成员，可以使用"super.属性名"或"super.方法名()"的格式。

例如，Circle 中定义的 printMe 方法就覆盖了父类 Shape 中的同名方法，调用 Circle 对象的 printMe 方法执行的是子类中的方法。

子类的对象可以自动转换为父类，反之需要强制类型转换。例如：
```
Shape s;
Circle c=new Circle();
s=c;// 自动进行类型转换
Circle c2=(Circle)s;// 强制类型转换
```

因为Object是所有类的父类,所以任何对象都可以自动转换为Object类型,即Object类型的变量可以引用任何复合类型的对象。

8. 方法的重载

方法的重载(overload)是指同一个名称的方法实现不同功能。方法重载可以发生在一个类中,也可以发生在父类与子类中。方法重载的前提是定义两个以上的同名方法,而这些方法的参数个数不同或者对应的参数类型不同。例如,Math.abs()方法既提供了对int类型参数求绝对值的方法定义,又提供了对float、double等其他数值类型求绝对值的方法定义;System.out.println()方法既可以接收一个参数,也可以以无参数的形式调用。

程序代码如下:

```java
package oop;
public class Overload {
    public static void main(String[] args) {
        Overload ol = new Overload();
        double area1 = ol.area(3);
        double area2 = ol.area(3, 5);
        double area3 = ol.area(3, 4, 5);
    }
    /** 计算正方形的面积 */
    public double area(double a) {
        return a * a;
    }
    /** 计算长方形面积 */
    public double area(double a, double b) {
        return a * b;
    }
    /** 计算三角形面积 */
    public double area(double a, double b, double c) {
        double p=(a+b+c)/2;
        return Math.sqrt(p*(p-a)*(p-b)*(p-c));
    }
}
```

程序中定义了3个同名的方法area,各自实现不同的功能。3个方法虽然名字相同,但形参各不相同(个数或对应顺序的类型),这样就能够根据调用时给出的实参情况来确定调用另一个。

下面给出几种错误的重载定义:

```java
// 不是重载:方法名不同
public void fun() {}
public void gun() {}
// 不是重载,返回值类型不是重载的依据
public void fun1() {}
public double fun1() {}
// 不是重载,参数的名字不是重载的依据
```

```
public void fun2(int x) {}
public void fun2(int y) {}
```
构造方法也可以重载。

9. final 类

如果一个类在定义时使用了 final 修饰，则该类不能被继承。String 类就是一个 final 类。

10. 抽象方法与抽象类

抽象方法是指使用 abstract 修饰的、没有方法体的方法，它只是对方法的定义，而没有方法的实现。

抽象类是指使用 abstract 修饰的类。抽象类是用来被继承的，因此不可以对类的定义同时使用 final 和 abstract。

抽象类不可以被实例化，也就是说不能创建抽象类的对象。

如果一个类中包含了抽象方法，则该类必然是抽象类；反之，抽象类中未必全部都是抽象方法，甚至一个抽象类中可以不含有任何抽象方法。

如果一个类 A 继承了抽象类 B，则类 A 必须重写（覆盖）类 B 中的所有抽象方法，除非 A 也是抽象类。

任务实施

1. 归纳学生的特征，定义学生类 Student

分析程序处理的对象，对它的数据和功能进行抽象、归纳，可以得到一个属性集合和方法集合，这个过程是设计一个类的基础。当然，只保留程序中需要的、与对象类别密切相关的属性和方法。例如，学生（Student）类的属性，选取姓名（name）、出生日期（dob）、性别（gender）、联系电话（tel）等，而肤色、属相并不是学生管理程序中所需要关心的；方法中选取入学（enroll）、毕业（graduate）、计算年龄（getAge）、打印个人信息（print）、对属性的访问方法等，而不去关心行走、说话等。

学生类的代码如下：

```java
package oop;

import java.text.SimpleDateFormat;
import java.util.Date;

public class Student {
    private String name;
    private Date dob;
    private String gender;
    private String tel;

    public String getName() {
        return name;
    }
```

```java
    public void setName(String name) {
        this.name = name;
    }
    public Date getDob() {
        return dob;
    }
    public void setDob(Date dob) {
        this.dob = dob;
    }
    public String getGender() {
        return gender;
    }
    public void setGender(String gender) {
        this.gender = gender;
    }
    public String getTel() {
        return tel;
    }
    public void setTel(String tel) {
        this.tel = tel;
    }

    public void enroll() {
        System.out.println(" 我入学啦 ");
    }
    public void graduate() {
        System.out.println(" 我毕业啦 ");
    }
    public int getAge() {
        Date today = new Date();
        return today.getYear() - dob.getYear();
    }
    public void print() {
        SimpleDateFormat sdf = new SimpleDateFormat("yyyy-MM-dd");
        System.out.print(" 姓名： " + name);
        System.out.print("，性别： " + gender);
        System.out.print("，出生日期： " + sdf.format(dob));
        System.out.print("，年龄： " + getAge());
    }
}
```

程序中使用 class 关键字定义了 Student 类，类中包含 4 个属性和 12 个方法。

在 12 个方法中，8 个方法是 4 个属性的 getter 和 setter，它们都使用 public 修饰，对类的外边公开，因此就可以通过调用这些方法间接地访问相关的属性。

为什么不采用"zs.name=" 张三 ";"的形式来给属性赋值,而采用"zs.setName(" 张三 ");"的形式?这是因为前者无法控制赋值操作,比如无法判断所赋值是否有效。如果采用前者,则无法阻止给一个不正确的姓名,如"zs.name=" ";"。

小提示

在Eclipse中,可以通过Source菜单中的Generate Getters and Setters功能快速地为属性添加getter和setter方法。

2.创建一个学生对象

要求:创建学生对象后,设置相关属性,然后输出他的个人信息。

程序代码如下:

```
Student zs = new Student();
zs.setName(" 张三 ");
zs.setGender(" 男 ");
zs.setDob(new Date(1999-1900, 10-1, 1));
zs.print();
```

任务2 文件操作与读写

知识准备

对于文件的操作分为两个层级:操作系统层级和内容层级。从操作系统层次对文件进行的操作主要有文件的删除、复制、查看文件属性等,它不涉及文件的具体内容。

1. File 类

Java.io.File 类代表操作系统层级的文件(或文件夹),如 File directoryC = new File("C:\");创建的对象对应了 C 盘根文件夹,File file = new File("C:\a.txt");创建的对象对应了 C 盘下的a.txt 文件(也可能是文件夹)。

如果一个 File 对象对应了文件夹,则其 listFiles() 方法返回一个 File 数组,表示该文件夹下的所有文件和文件夹。

File 对象有一些常用的方法用于判断,如 isFile()、isDirectory() 用于判断是否为文件或文件夹,exists() 用于判断文件(夹)是否存在。以下用具体的操作介绍File 类的几个常用方法:

1)创建文件夹 C:\myDir,语句代码如下:

```
File file= new File("C:\\myDir");
```

2)创建文件夹 C:\a\b(a 文件夹是原来不存在的),语句代码如下:

```
File file= new File("C:\\a\\b");
file.mkdir();
```

3)删除文件,语句代码如下:

```
File file= new File("C:\\myDir\\a.txt");
file.delete();
```

4）删除文件夹，语句代码如下：

```
File file= new File("C:\\myDir");
file.delete();
```

注意：如果 myDir 文件夹下不空，则不能删除。

2. 数据流

流（Stream）是一组数据的序列，可以把流简单地理解为供数据传送的管道。数据在管道中传送的方向有两种，站在程序的角度，程序得到数据称为输入，程序送出数据称为输出。如果要进行文件复制，则必然是从源文件读取内容（输入），再将内容写入目标文件（输出）。

根据数据的传送方向，流可以分为输入流和输出流两种，输入流用于程序从键盘、文件、网络等读取数据，输出流用于程序向屏幕、文件、打印机、网络等输出数据。

根据数据的形式，流可以分为字节流和字符流两种。因为字节（Byte）是计算机处理、传送信息的基本单位，所以字节流可以完成所有数据输入或输出处理，字节流不使用内存缓冲区，它直接在文件或外设上进行操作。字符流以 Unicode 字符（2B）为单位处理需要传送的数据，一般可以用来处理文本文件。字符流不直接在文件或外设上输出数据，而是先将数据输出在内存缓冲区中，所以在完成输出操作后，应该清空缓冲区（flush），数据才能真正输出到文件或外设上。

抽象类 java.io.InputStream 是字节输入流，所有字节输入流都是它的子类。其常用方法见表 7-2。

表 7-2　InputStream 类的常用方法

方　　法	说　　明
available()	返回从输入流中可读取的字节数
close()	关闭输入流
mark(int)	标记输入流当前位置
markSupported()	测试是否存在标记
reset()	将输入流位置重置到标记位置
read()	读取一字节。如果读取到流的末尾（如文件末尾），则返回 -1
read(byte[]bs)	块操作。从输入流中读取 bs.length 个字节放入 bs 数组，返回值是实际读到的数据量
skip(long)	跳过若干字节

抽象类 java.io.OutputStream 是字节输出流，所有字节输出流都是它的子类。其常用方法见表 7-3。

表 7-3　OutputStream 类的常用方法

方　　法	说　　明
close()	关闭输出流
flush()	将缓冲区数据写出，清空输出流
write(int)	写一字节
write(byte[]bs)	块操作。将数组 bs 中所有字节一起送到输出流
write(byte[]bs, int offset, int len)	块操作。将数组 bs 中从下标 offset 开始、len 个元素一起送到输出流

3. 文件数据读写

Java.io.FileInputStream、java.io.FileOutputStream 类分别继承了 InputStream 和 OutputStream

类，实现以字节流的方式打开并进行数据输入/输出操作。

注意： 一定要区分数据输入/输出的含义。从文件中读取数据是输入操作，把数据写入文件是输出操作。

java.io.Writer、java.io.Reader 两个抽象类用于操作字符流，常用方法见表 7-4 和表 7-5。

表 7-4 Writer 类的常用方法

方　　法	说　　明
close()	关闭输出流
flush()	清空缓冲区。字符流使用缓冲区，所输出的内容暂时存放在缓冲区中，只有在清空缓冲区后，才真正送到输出流中
write(String s)	输出一个字符串

表 7-5 Reader 类的常用方法

方　　法	说　　明
close()	关闭输出流
skip(long n)	向后跳过 n 个字符

FileWriter 是间接继承于 Writer 的类，用于对文件进行字符流输出，其构造方法中可以指定是否向文件中追加输出内容（新的内容放在原来内容的后边）。构造方法如下：

FileWriter(File file)
FileWriter(File file, boolean append)
FileWriter(String fileName)
FileWriter(String fileName, boolean append)

FileReader 是间接继承于 Reader 的类，可以基于文件名或 File 对象构造一个字符流文件输入对象。BufferedReader 是 Reader 的子类，提供了 readLine() 方法，用于读取一行文本。BufferedReader 可以基于 FileReader 对象构造，如：

FileReader fr = new FileReader("text.txt");
BufferedReader in = new BufferedReader(fr);

4．随机访问文件

基于字节流或字符流的文件操作，数据传送都是单向的，如 FileInputStream、BufferedReader 只支持输入操作，FileOutputStream、PrintWriter 只支持输出操作。而且，流只支持顺序操作，只能依次对流中的数据进行读写操作，不可以在流中任意定位直接读写指定位置的数据。

Java.io.RandomAccessFile 类不依赖于 InputStream、OutputStream、Reader 和 Writer 等，它能以随机访问方式对文件进行双向的读写操作。RandomAccessFile 类打开文件的常用模式有"r"和"rw"两种，前者表示以只读模式打开文件，后者表示以读写模式（数据双向传送）打开文件。以"rw"模式打开文件时，如果文件不存在，则自动创建一个空文件。

RandomAccessFile 对象有一个文件指针，它指向文件内容的某个位置。文件指针所指向的位置，就是即将进行数据读写操作的位置。在刚刚打开的文件中，文件指针指向内容的最前边，RandomAccessFile 提供了可以任意定位文件指针的方法，因而可以实现文件内容的随机访问。

RandomAccessFile 类的常用方法见表 7-6。

表 7-6　RandomAccessFile 类的常用方法

方　法	说　明
RandomAccessFile(File file, String mode)	构造方法。基于 File 对象打开文件，mode 为打开模式，常用的有 "r" 或 "rw"
RandomAccessFile(String name, String mode)	构造方法。基于文件名打开文件
close	关闭文件并释放资源
long getFilePointer()	返回文件指针当前位置的偏移量（相对于文件内容最前边位置的字节数）
long length()	返回文件的长度
int read()	读取一个字节的数据
int read(byte[] bs)	读取 bs.length 个字节的数据到数组 bs 中，返回值为实际读到的字节数
boolean readBoolean()	读取一个 boolean 值
char readChar()	读取一个字符值
double readDouble()	读取一个 double 值
float readFloat()	读取一个 float 值
int readInt()	读取一个 int 值
String readLine()	以字符串格式读取一行
long readLong()	读取一个 long 值
String readUTF()	读取一个字符串。先读取一个 short 类型的值 len（这个值表示了字符串的长度），然后读取 len 个字符构成字符串
seek(long pos)	设置文件指针位置，它将决定下一次读或写的位置
skipBytes(int n)	设置文件指针向后跳过 n 个字节。n<0 则不跳动
write(int b)	写入一个字节数据
write(byte[] bs)	将数组 bs 中所有元素的值依次写入文件
writeByte(int b)	写入一个字节数据
writeBoolean(boolean b)	写入一个 boolean 值
writeChar(char c)	写入一个字符值
writeChars(String s)	写入一个字符串
writeDouble(double d)	写入一个 double 值
writeInt(int i)	写入一个 int 值
writeLong(long l)	写入一个 long 值
writeUTF(String s)	写入一个字符串。与 writeChars 不同之处在于，方法会先向文件中写入一个 short 值以表示字符串的长度，然后依次写入串中的各个字符

以下代码依次向随机文件中写入 1～100 共 100 个整数，然后间隔读取。

```java
public static void main(String[] args) throws Exception {
    // 以 "rw" 模式打开文件 in.dat
    RandomAccessFile rf = new RandomAccessFile("int.dat", "rw");
    for(int i=1; i<=100; i++) {
        rf.writeInt(i); // 写入一个整数
    }
    rf.seek(0);// 将文件指针定位到最前边
    do {
        int x=rf.readInt();// 读取一个整数
```

```
            System.out.println(x);
            rf.skipBytes(4);// 跳过一个整数位置（int 类型占 4B）
        }while(rf.getFilePointer()<rf.length());
        rf.close();
    }
```

以下代码将上述文件中所有的整数修改为原来值的二次方。

```
public static void main(String[] args) throws Exception {
    RandomAccessFile rf=new RandomAccessFile("int.dat", "rw");
    do {
        // 读取一个整数，文件指针向后移 4B
        int x=rf.readInt();
        // 文件指针设置到上次读取的整数前边
        rf.seek(rf.getFilePointer()-4);
        // 替换之前读取的整数
        rf.writeInt(x * x);
    }while(rf.getFilePointer()<rf.length());
    rf.seek(0);// 文件指针移到最前边，准备读取并输出所有数据
    do {
        System.out.println(rf.readInt());
    }while(rf.getFilePointer()<rf.length());
    rf.close();
}
```

5．异常处理

程序运行时可能会出现一些异常的情况，如复制文件时找不到指定的源文件，引用数组元素时下标越界，访问网络时网络未连接等，这些异常的情况都会导致程序不能按编程时预定的计划运行，带来数据丢失等问题。例如，以下程序代码：

```
1  package exception;
2
3  public class ArrayIndexOutOfBound {
4
5      public static void main(String[] args) {
6          int[] arr = new int[10];
7          arr[10] = 99;// 数组下标越界
8          System.out.println(" 如果看到这个输出，程序正常结束！ ");
9      }
10 }
```

其输出结果为：

```
Exception in thread "main" java.lang.ArrayIndexOutOfBoundsException: 10
    at exception.ArrayIndexOutOfBound.main(ArrayIndexOutOfBound.java:7)
```

程序执行到第 7 行时，因为引用数组元素时的下标超出了正确的范围，出现异常，程序终止执行，因而不会看到第 8 行语句的输出。看到的是下标越界异常（ArrayIndexOutOfBoundsException）的输出信息，其中指出了出现的异常种类、出现异常的语句位置（ArrayIndexOutOfBound.

java:7）。

Java 以面向对象的思想来处理异常，每个异常都是一个对象。所有异常类都是 Throwable 的子类，部分异常类的继承关系如图 7-5 所示。

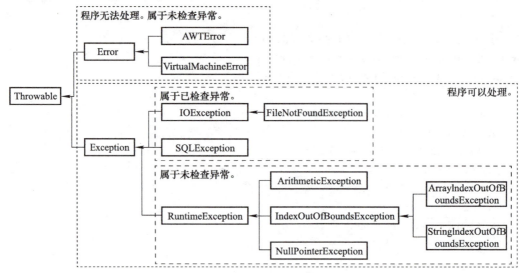

图 7-5　部分异常类的继承关系

Throwable 有两个子类：Error 和 Exception。Error 又称"错误"，指程序运行时出现的严重错误，如 Java 虚拟机错误、图形组件错误、内存耗尽等。当发生错误时，程序无法预防或处理。因此，对于 Error 及其子类，程序中不需要也无法进行处理。Exception 的子类又可以分为两类：RuntimeException（运行期异常）和其他类（非运行期异常）。

所有继承自 Error 或 RuntimeException 的异常类，都称为未检查（unchecked）异常，其余的类称为已检查（checked）异常。在 Java 语言中，要求必须对已检查异常进行处理，否则不能通过编译（如语法错误提示：Unhandled exception type FileNotFoundException），而对于未检查异常，则没有强制要求。

Throwable 的 printStackTrace() 方法在标准输出流（如控制台）中输出异常的描述信息，toString() 方法将异常的描述信息转换为字符串。

异常处理机制是实现程序健壮性的重要技术，Java 语言中提供了两种处理机制。

（1）使用 try-catch 语句捕获异常

try-catch 语句的语法结构：

try {
　　语句；
　　…
}**catch**(异常类 1 e) {
　　…// 针对出现异常类 1 的处理语句；
}**catch**(异常类 2 e) {
　　…// 针对出现异常类 2 的处理语句；
}**catch**(异常类 n e) {
　　…// 针对出现异常类 n 的处理语句；
}**finally** {

    …// 最终会被执行的语句；
  }

try-catch 语句由一个 try 子句、一个或多个 catch 子句、零个或一个 finally 子句组成，其中 catch 子句与方法定义类似，使用 (异常类 异常对象变量名) 的格式给出异常参数。

try-catch 语句的执行顺序较灵活。

尝试依次执行 try 子句中的所有语句，会有两种可能。

1）如果某条语句产生异常，则停止执行其后的语句，将该异常依次与各个 catch 子句参数的异常类进行匹配比较，此时也会有两种可能。

① 如果存在匹配（与某个 catch 子句异常参数类相同或是它的子类），则执行该 catch 子句中相应的处理语句，然后执行 finally 子句中的语句（如果存在 finally 子句）。

② 不存在匹配，则执行 finally 子句中的语句（如果存在 finally 子句）。

2）没有产生异常，则执行完 try 子句中的所有语句，然后执行 finally 子句中的语句（如果存在 finally 子句）。

可以看出，try-catch 语句能够改变程序执行流程；如果存在 finally 子句，则无论是否产生异常，该子句中的语句都会执行。

注意： 使用多个 catch 子句捕获异常时，应该采用由特殊到一般的顺序，也就是先捕获子类，再捕获父类。由于 Java 语言中所有可处理的异常都是 Exception 的子类，所以以下代码是错误的：

try {
    ...
}**catch**(Exception e) {
    ...
}**catch**(IOException e) {// 这个 catch 子句没有任何意义
    ...
}

（2）使用 throws 子句抛出异常

try-catch 语句可以看作一种积极的异常处理方式，它能够捕获异常并作出相应的处理，而 throws 是一种消极的处理方式，它自己并不处理异常，而是将处理的任务交由上级调用者。

一般情况下，如果一个方法中的语句可能会产生异常，而又不想在这个方法中处理或不知道该如何处理，那么可以在方法的头部（参数列表与方法体之间）加上下面语句：

throws 异常类 1, 异常类 2...

throws 子句可以抛出一个或多个异常（程序运行时，实际抛出的异常只可能是一个）。如果方法抛出了已检查异常或已检查异常的父类，则方法的调用者必须对该异常进行处理。例如：

public void fun1() {
    // 此处错误：因为 fun2 抛出了 Exception（它的某个子类是已检查异常），而调用者 fun1 中没有作任何处理
    fun2();
}

public void fun2() **throws** ArithmeticException, Exception {
    ...
}

方法 fun1 中存在未处理的已检查异常。解决的办法是在 fun1 中使用 try-catch 语句处

异常,或 fun1 使用 throws 子句继续向上抛出异常。

由于程序中所有方法都是由 main 方法直接或间接调用的,而 main 方法又是由 JVM 调用的,所以,如果全部方法都是用 throws 子句向上抛出异常,则异常最终将交给 JVM 处理。

6．日期类与日期格式化

（1）java.util.Date 类

Date 是 Java 语言中表示日期的类,具有年月日时分秒毫秒等属性,它的年份以 1900 年为基准年份,1 ～ 12 月分别使用 0 ～ 11 表示,即 2017 年 12 月在 Date 类中表示时年份为 117（=2017−1900）,月份为 11（=12−1）。Date 类的常用方法见表 7-7。

表 7-7　Date 类的常用方法

方　　法	说　　明
Date()	构造方法。使用系统当前的日期与时间设置各个属性
Date(y, m, d)	构造方法。使用指定的日期设置年月日属性,如 new Date(117, 11, 31)创建表示 2017 年 12 月 31 日的日期对象
getYear()	获取日期的年份。年份以 1900 为基数
setYear(y)	设置日期的年份。年份以 1900 为基数
getMonth()	获取日期的月份。月份从 0 开始
setMonth(m)	设置日期的月份。月份从 0 开始
getDate()	获取日期在该月中的序号（天数）
setDate(d)	设置日期的天数

（2）日期的格式化

任何类都有从 Object 类继承得到的 toString 方法,能够把自己对象的信息转换为字符串。在使用 System.out.println() 方法输出,或使用字符串连接符 + 构成表达式时,会自动调用 toString 方法,这能给编程带来方便,但是通过 toString 方法得到的字符串未必是所需要的格式。

例如,语句 System.out.println(new Date()); 的结果是：Sat Dec 09 12:39:19 CST 2017。如果需要输出,"2017-12-09"这样格式的内容,可以借助 java.text.SimpleDateFormat 类来实现。代码如下：

SimpleDateFormat sdf=**new** SimpleDateFormat("yyyy-MM-dd");
Date now = **new** Date();
String s=sdf.format(now);
System.**out**.println(s);

在创建 SimpleDateFormat 对象时,参数字符串用于指定转换的格式,使用表 7-8 列举的字符（占位符）代表相应的值,其他普通字符（如 - 或：）则保持不变。

表 7-8　日期时间格式的点位符

符　号	含　义	符　号	含　义
y	年	a	am/pm 标记
M	年中的月份	H	一天中的小时数（0 ～ 23）
w	年中的周次	k	一天中的小时数（1 ～ 24）
W	月份中的周数	K	am/pm 中的小时数（0 ～ 11）
D	年中的天数	h	am/pm 中的小时数（1 ～ 12）
d	月份中的天数	m	小时中的分钟数
F	月份中的星期	s	秒数
E	星期中的天数	S	毫秒数

任务实施

1. 列出 C 盘中的文件

要求：列出 C 盘根文件夹下所有内容，并标出类型（文件 / 文件夹）、修改日期。

任务对应的程序代码如下：

```java
File directoryC = new File("C:\\");
File[] files = directoryC.listFiles();
for(File e : files) {
    String sign = e.isFile()?"[f]":"[d]";
    // 将以 long 值表示的文件修改时间包装成 Date 对象
    Date modifiedDate = new Date(e.lastModified());
    // 按 "2017-11-30 04:05:41    " 的格式将日期时间转换为字符串
    String strDate = new SimpleDateFormat("yyyy-MM-dd hh:mm:ss    ")
            .format(modifiedDate);
    System.out.println(sign + strDate + e.getName());
}
```

输出结果如下：

```
[d]2017-11-30 04:05:05    Documents and Settings
[d]1970-01-01 08:00:00    MSOCache
[f]1970-01-01 08:00:00    pagefile.sys
[d]1970-01-01 08:00:00    PerfLogs
[d]2017-12-02 10:47:08    Program Files
[d]2017-12-02 11:17:03    Program Files (x86)
[d]2017-11-30 04:05:05    Users
[d]2017-12-11 08:05:43    Windows
```

2. 编写一个文件复制程序

要求：读取 a.dat 的内容，写入 b.dat 中。

无论文件格式如何，文件内容都是由字节构成的，以字节为单位，从源文件中依次读取内容，然后写入目标文件，即可以实现文件复制。

程序代码如下：

```java
1   FileInputStream in = null;
2   FileOutputStream out = null;
3   try {
4       in = new FileInputStream("C:\\a.dat");
5       out = new FileOutputStream("C:\\b.dat");
6       int b=0;
7       while( (b=in.read()) != -1) {
8           out.write(b);
9       }
10      in.close();
11      out.close();
12      System.out.println(" 复制完成。");
```

```
13    }catch(IOException ioe) {
14        System.out.println(" 文件访问错误 :" + ioe);
15    }
```

第 1、2 行分别定义了文件输入流对象 in 和文件输出流对象 out。

第 4、5 行分别通过两个构造方法打开了源文件（a.dat）和目标文件（b.dat）。刚刚打开的文件，输入或输出流的当前位置都是文件内容的最前面，即准备读取或写入文件最前边的内容。在构造方法中，可以以字符串的形式指定需要打开的文件，也可以以 File 对象指定需要打开的文件。

在第 7 行的循环条件中，首先执行 b=in.read() 部分，从打开的文件中读取一个字节的数据，放到变量 b 中。每次读取数据时，输入流的当前位置都会向后作相应的移动，直到文件末尾。到达文件末尾时，意味着没有数据可读了，此时 read() 方法返回 –1。如果是 read(byte[]bs) 方法，则返回 0（表示读到 0 个字节的数据）。

程序中还使用了 try-catch 语句，它是 Java 语言中异常处理机制的重要技术，用来处理程序运行时可能会出现的异常（或称为错误），以防止所要复制的文件不存在或文件复制过程中出现问题。

对文件操作完成后，需要调用 close 方法关闭文件，释放相关资源。

3．向文件中写入文字，然后读取

可以将一个字符串转换为字节数组（getBytes() 方法），然后以字节流的方式写入文件；也可以以字节数组读取文本文件，然后将字节数组构造成字符串。代码示例如下：

```java
public static void main(String[] args) throws Exception {
    String s=" ";
    Scanner keyboard = new Scanner(System.in);
    System.out.println(" 请输入字符串：");
    s=keyboard.nextLine();
    FileOutputStream out = new FileOutputStream("text.txt");
    out.write(s.getBytes());
    out.close();

    FileInputStream in = new FileInputStream("text.txt");
    byte[]bs=new byte[in.available()];// 以文件的字节数为长度创建一个数组
    in.read(bs);// 读取文件中的全部内容到 bs 数组中
    in.close();
    s=new String(bs);// 以 bs 数组构造一个字符串
    System.out.println(" 从文件中读取的字符串为：" + s);
}
```

字符串是字符的序列，Java 语言中一个字符占用两个字节空间，上述程序在操作字符串时，需要在字符与字节之间进行转换。

程序也可以使用 FileWriter 和 BufferedReader 类实现，代码如下：

```java
public static void main(String[] args) throws Exception {
```

```
String s=" ";
Scanner keyboard = new Scanner(System.in);
System.out.println(" 请输入字符串："); 
s=keyboard.nextLine();
FileWriter out = new FileWriter("text.txt");
out.write(s);
out.flush();
out.close();

FileReader fr = new FileReader("text.txt");
BufferedReader in = new BufferedReader(fr);
s=in.readLine();
in.close();
System.out.println(" 从文件中读取的字符串为： " + s);
}
```

任务 3 设计文本编辑器界面

知识准备

前面几个项目中程序都是使用 System.in 和 System.out 来实现在控制台的输入或输出，与流行的图形用户界面（Graphical User Interface，GUI）不同，不具有友好的交互性。

图形用户界面的基础是窗口（或称为窗体），它是一个容器（Container），界面中所有的图形化元素都是直接或间接放置在窗口中的，如文本框、按钮、菜单等。

1. JFrame 类

Java 语言提供了 javax.swing.JFrame 类，用于创建窗口。

Java 语言的 AWT（Abstract Window Toolkit）是抽象窗口工具包，提供了创建图形界面的工具，包括界面组件、事件处理、图形与图像工具、布局管理等，对应的包为 java.awt。例如，java.awt.Frame 也是一种窗口类，也可以用于创建窗口。

Swing 提供轻量级的组件，解决了 AWT 中诸如不同操作系统下绘制界面效果不一致的问题。Swing 对应的包为 javax.swing。Swing 并不是对 AWT 的替代，AWT 中的一些特殊的类，在 Swing 中并没有对应的类，例如，Color、Font、布局管理器等类仍然需要 AWT 的支持。

JFrame 类的常用方法见表 7-9。

表 7-9　JFrame 类的常用方法

方　法	说　明
setSize(width, height)	设置窗口的大小，参数分别指定宽度和高度（单位为像素）
setLocation(x, y)	设置窗口在容器中的位置：左上角的坐标（窗口的容器是屏幕）。坐标系统的原点处于容器的左上角，水平方向向右 x 递增，竖直方向向下 y 递增
setVisible(boolean)	设置窗口显示或隐藏
setTitle(String)	设置窗口标题栏中的文字
setDefaultCloseOperation(int)	设置关闭窗口时程序的默认操作，可以选择： JFrame.EXIT_ON_CLOSE 表示关闭时程序退出 JFrame.DISPOSE_ON_CLOSE 表示关闭时销毁窗口，释放窗口占用的一切资源 JFrame.DO_NOTHING_ON_CLOSE 表示不执行任何操作 JFrame.HIDE_ON_CLOSE 表示隐藏窗口（默认设置） 注意：在默认情况下，关闭窗口只是将其隐藏，而程序并未结束，所以建议调用此方法并设置为 EXIT_ON_CLOSE 或 DISPOSE_ON_CLOSE
setLayout(LayoutManager)	设置布局管理。有关布局管理的内容，请参考本项目的补充知识
add(Component)	将组件添加到窗口中。窗口中的常用组件，请参考本项目的补充知识

基于 JFrame 类显示窗口的程序代码如下：

```
JFrame win = new JFrame();
win.setSize(300, 200);
win.setTitle(" 一个窗口 ");
win.setVisible(true);
```

运行结果如图 7-6 所示。

语句"JFrame win = new JFrame();"不仅定义了一个对象变量 win，还使用 new 关键字创建了 JFrame 的一个对象，然后通过赋值号让 win 引用该对象。

语句"win.setTitle(" 一个窗口 ");"通过 win 变量调用窗口对象的 setTitle 方法，以设置其 title 属性。

图 7-6　一个窗口程序的运行界面

2．常用界面组件

（1）JLabel（标签组件）

程序中使用 JLabel 组件显示标签文字。标签用于在界面中显示静态的信息（文本或图标），程序运行时，所显示的文本不提供用户编辑功能。JLabel 的常用方法见表 7-10。

表 7-10　JLabel 的常用方法

方　法	说　明
JLabel()	构造方法
JLabel(String)	构造方法。参数指定文本内容
JLabel(String, int)	构造方法。参数指定文本内容及对齐方式。其中，对齐方式为 int 类型，可以是常量 LEFT、CENTER 或 RIGHT 之一
setText(String)	设置文本内容
setAlignment(int)	设置文本对齐方式

（2）JButton（按钮组件）

JButton 组件用于创建普通的按钮。其常用方法见表 7-11。

表 7-11　JButton 类的常用方法

方　　法	说　　明
JButton()	构造方法
JButton(String)	构造方法。参数指定文本内容（按钮的标题）
setText(String)	设置文本内容
setMnemonic(int)	设置按钮的助记符（访问键，可以使用 <Alt>+ 助记符快速访问按钮），如果标题文本中出现助记符，则第一个助记符使用下画线标识

代码示例：

JButton button = **new** JButton(" 退出 (E)");
button.setMnemonic('E');
add(button);

运行效果如图 7-7 所示。

图 7-7　带有有助记符的按钮

（3）JTextField（单行文本框组件）

JTextField 用于接收用户输入或编辑的单行文本。其常用方法见表 7-12。

表 7-12　JTextField 类的常用方法

方　　法	说　　明
JTextField()	构造方法
JTextField(String)	构造方法。参数指定文本框中的默认文本
JTextField(int)	构造方法。以整型参数指定文本框的列数
JTextField(String, int)	构造方法。参数分别指定文本与列数
String getText()	返回文本内容
setText(String)	设置文本内容
getSelectedText()	返回所选定的文本内容。如果没有选定内容，则返回 null
selectAll()	选定所有文本
setSelectionStart(int)	设置选定文本的起始位置
setSelectionEnd(int)	设置选定文本的结束位置（不含结束位置上的字符）
select(int, int)	选定文本。参数分别指定起始和结束位置
setEditable(boolean)	设置文本框是否可编辑
setEnabled(boolean)	设置文本框是否启用

一般将标签与文本框结合使用，以提示文本框信息的含义。代码示例如下：

JLabel lblName=**new** JLabel(" 姓名：");
add(lblName);
JTextField txtName = **new** JTextField(" 请在此输入姓名 ", 10);
add(txtName);

运行效果如图 7-8 所示。

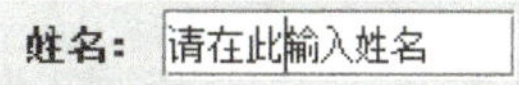

图 7-8　标签与文本框

（4）JPasswordField（密码框组件）

JPasswordField 用于接收用户输入或编辑的单行文本，但不显示真实内容，而是使用指定的字符回显用户的输入。JPasswordField 也有与 JTextField 一样的常用方法，其他常用方法见表 7-13。

表 7-13 JPasswordField 类的常用方法

方 法	说 明
JPasswordField()	构造方法
JPasswordField(String)	构造方法。参数指定默认文本
setEchoChar(char)	设置回显字符。默认为 '*'，如果设置为 '\u0000'，则以原字符回显

代码示例如下：
```
JLabel lblPassword = new JLabel(" 密码：");
add(lblPassword);
JPasswordField txtPassword = new JPasswordField("1234", 10);
//txtPassword.setEchoChar('\u0000');
add(txtPassword);
```

运行效果如图 7-9 所示。

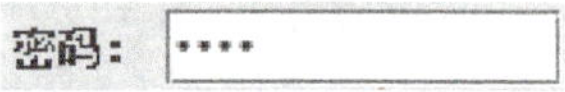

图 7-9 密码框组件

（5）JTextArea（多行文本框组件）

JTextArea 又称文本域组件，用于接收用户输入或编辑的多行文本。除与 JTextField 相同的方法外，其他常用方法见表 7-14。

表 7-14 JTextArea 类的常用方法

方 法	说 明
JTextArea()	构造方法
JTextArea(int, int)	构造方法。两个整型参数分别指定行数和列数
append(String)	向文本框添加文本（新内容追加在末尾）
insert(String, int)	向原内容的指定位置插入新的文本
setLineWrap(boolean)	设置是否自动换行

代码示例如下：
```
JTextArea txtContent = new JTextArea(4, 40);
txtContent.setLineWrap(true);
add(txtContent);
// 在流布局下，会根据内容改变文本框的行数和列数
txtContent.setText(" 泰州职业技术学院坐落在泰州市国家级医药高新区——中国医药城，"
    + " 是 1998 年 3 月经原国家教委批准建立的公办普通高校，也是江苏省第一所冠以"
    + " "职业技术学院"名称的院校。办学历史近 60 年，为江苏省文明校园、"
    + " 江苏省高等学校和谐校园、江苏省园林式学校、教育部人才培养工作水平评估"
    + " "优秀"等级院校，江苏省示范性高职院校建设单位。");
```

运行效果如图 7-10 所示。

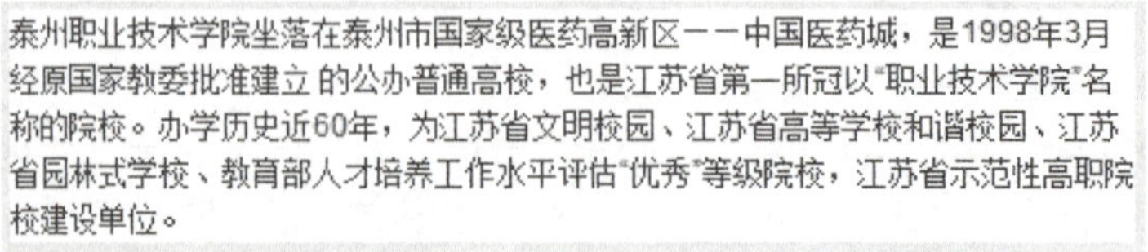

图 7-10 多行文本框

JTextArea 与特殊容器结合使用才能出现滚动条。

(6) JList（列表组件）

列表组件以多行的形式显示多个项目（比如文字），供用户从中选择一个或多个。列表组件中显示的项目可以由数组指定。其常用方法见表 7-15。

表 7-15 JList 类的常用方法

方　　法	说　　明
JList()	构造方法
JList(Object[] items)	构造方法。项目由参数数组确定
setListData(Object[] items)	设置列表中的项目
getModel()	获取列表的数据模型（ListModel）
setSelectionMode(int)	设置选择模式。参数： ListSelectionModel.SINGLE_SELECTION 表示只能单选 ListSelectionModel.SINGLE_INTERVAL_SELECTION 表示只能选择连续的一部分 ListSelectionModel.MULTIPLE_INTERVAL_SELECTION 表示多选（默认模式）
isSelectionEmpty()	判断有无选择项目。如果一个项目也没选择，则返回 true
getSelectedIndex()	返回所选项目的索引。如果没有选择项目，则返回 –1
getSelectedIndices()	返回所有被选项目的索引（int 数组）

代码示例如下：
```
// 创建一个列表组件，使用泛型指定显示的项目为 String 类型
JList<String> lst = new JList<>();
String[]items= {" 项目 1"," 项目 2"," 项目 3"};
// 设置列表组件的项目
lst.setListData(items);
// 依次访问所有选择的项目索引
for(int i : lst.getSelectedIndices()) {
    // 获取指定索引的项目
    String s = lst.getModel().getElementAt(i);
    System.out.println(s);
}
```

3．其他常用容器

(1) JPanel（面板容器）

组件不能独立显示在屏幕中，它需要放置在一定的容器中才能显示。容器包含底层容器和普通容器两种，底层容器可以直接在屏幕中显示，如 JFrame，而普通容器必须直接或间接放置在底层容器中才能显示。容器中又可以放置容器，从而设计出复杂的程序界面。

JPanel 是常用的非底层容器，一般用于设计较为复杂的界面。

(2) JScrollPane（滚动面板容器）

JScrollPane 也是一个非底层容器，它一般用于放置其他组件，为组件提供水平滚动条和垂直滚动条。其常用方法见表 7-16。

表 7-16 JScrollPane 类的常用方法

方法	说明
JScrollPane()	构造方法
JScrollPane(Component)	构造方法。参数指定了容器中放置的组件
JScrollPane(int, int)	构造方法。整型参数分别指定水平滚动条和垂直滚动条的显示策略，其中水平滚动条的显示策略： JScrollPane.HORIZONTAL_SCROLLBAR_ALWAYS 表示一直显示 JScrollPane.HORIZONTAL_SCROLLBAR_AS_NEEDED 表示根据需要显示 JScrollPane.HORIZONTAL_SCROLLBAR_NEVER 表示不显示 垂直滚动条的显示策略： JScrollPane.VERTICAL_SCROLLBAR_ALWAYS 表示一直显示 JScrollPane. VERTICAL _SCROLLBAR_AS_NEEDED 表示根据需要显示 JScrollPane. VERTICAL _SCROLLBAR_NEVER 表示不显示
setHorizontalScrollBarPolicy(int)	设置水平滚动条显示策略
setVerticalScrollBarPolicy(int)	设置垂直滚动条显示策略
setViewportView(Component)	设置容器中的组件

代码示例如下：

```
JScrollPane sp = new JScrollPane();
sp.setHorizontalScrollBarPolicy(JScrollPane.HORIZONTAL_SCROLLBAR_ALWAYS);
sp.setVerticalScrollBarPolicy(JScrollPane.VERTICAL_SCROLLBAR_ALWAYS);
add(sp);

JTextArea txtContent = new JTextArea(4, 30);
sp.setViewportView(txtContent);
```

运行效果如图 7-11 所示。

图 7-11 JScrollPane 容器为多行文本框提供滚动条

4．界面布局管理

布局管理器（LayoutManager）用于对容器内组件的位置、尺寸、排列顺序和方式进行管理。常用的布局管理器类有 FlowLayout、BorderLayout、GridLayout、GridBagLayout 等。

不使用任何布局管理器又称绝对定位，即调用容器的"setLayout(null);"，此时容器中的每个组件都要设置位置和尺寸。一般不建议使用这种布局管理，因为当容器的大小发生变化时，其中组件的位置和尺寸不会改变。

（1）FlowLayout（流布局管理器）

组件排列方式为：按照组件添加的顺序，首先在第一行中自左向右摆放组件，空间不足时继续在下一行摆放。FlowLayout 是 JPanel 的默认布局管理器。FlowLayout 的常用方法见表 7-17。

表 7-17 FlowLayout 类的常用方法

方 法	说 明
FlowLayout()	构造方法。此布局中组件默认的水平间距和垂直间距均为 5 个单位（可看作像素），组件中空间的水平方向居中对齐
FlowLayout(int align)	构造方法。指定对齐方式，可以使用 FlowLayout 中定义的常量：LEFT、RIGHT 或 CENTER
FlowLayout(int align, int hgap, int vgap)	构造方法。指定对齐方式及水平、垂直间距
setHgap(int)	设置组件间的水平间距
setVgap(int)	设置组件间的垂直间距

在流布局下，对于组件的尺寸和位置设置都是无效的，系统会根据组件中的文字长度自动确定其大小。

例如，以下程序在流布局管理器下依次向窗口中添加 5 个按钮和 5 个文本框。

```java
public class ExamFlowLayout extends JFrame {
    public void init() {
        setSize(400, 200);
        setVisible(true);
        setDefaultCloseOperation(DISPOSE_ON_CLOSE);

        FlowLayout fl = new FlowLayout();
        setLayout(fl);// 设置为流布局管理器
        for(int i=1; i<=5; i++) {// 添加 5 个按钮
            JButton btn = new JButton(" 第 " + i +" 个按钮 ");
            btn.setSize(200+i*10, 130+i*3);// 试图设置按钮尺寸：无效
            btn.setLocation(100, 100);// 试图设置按钮位置：无效
            add(btn);
        }
        for(int i=1; i<=5; i++) {// 添加 5 个文本框
            JTextField txt = new JTextField(" 第 " + i +" 个文本框 ");
            txt.setSize(200+i*10, 130+i*3);// 试图设置按钮尺寸：无效
            txt.setLocation(100, 100);// 试图设置按钮位置：无效
            add(txt);
        }
    }

    public static void main(String[] args) {
        new ExamFlowLayout().init();
    }
}
```

运行效果如图 7-12 所示。

当调整窗口大小或改变文本框中的内容时，会看到组件的宽度、位置发生变化，如图7-13 所示。

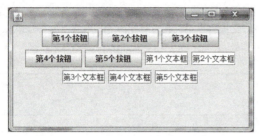

图7-12　流布局下添加多个组件的效果

图7-13　组件的尺寸、位置发生变化

（2）BorderLayout（边界布局管理器）

边界布局管理器把容器空间划分为东南西北中5个区域，如图7-14 所示。添加组件时，可以直接指定放入哪个区域，每个区域只能放置一个组件。BorderLayout 是 JFrame 的默认布局管理器。

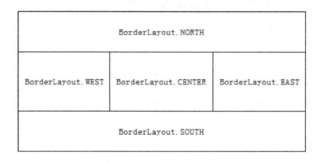

图7-14　边界布局下5个区域

注意：南北两部分的宽度由容器宽度决定，高度由组件内容决定；东西两侧的宽度由组件内容决定，高度由容器决定；剩余部分全部为中间区域。

在边界布局下，容器的 add 方法默认将组件添加到中间区域，可以通过"add(Component, 方位常量);"来确定添加的位置。代码示例如下：

```
import java.awt.BorderLayout;
import javax.swing.JButton;
import javax.swing.JFrame;
public class ExamBorderLayout extends JFrame {
    public void init() {
        setSize(400, 200);
        setVisible(true);
        setDefaultCloseOperation(DISPOSE_ON_CLOSE);

        setLayout(new BorderLayout());// 设置为边界布局
        JButton b1=new JButton(" 按钮 1");
        add(b1);
```

```
        JButton b2=new JButton(" 按钮 2");
        add(b2, BorderLayout.NORTH);

        JButton b3=new JButton(" 按钮 3");
        add(b3, BorderLayout.WEST);

        JButton b4=new JButton(" 按钮 4 的标题较长 ");
        add(b4, BorderLayout.EAST);

        JButton b5=new JButton(" 按钮 5");
        add(b5, BorderLayout.SOUTH);
    }
    public static void main(String[] args) {
        new ExamBorderLayout().init();
    }
}
```

运行效果如图 7-15 所示。

图 7-15 边界布局下添加 5 个按钮

（3）GridLayout（网格布局管理器）

网格布局将容器空间划分为等高等宽的若干行、若干列，行和列的交叉构成一个一个的单元格，每个单元格放置一个组件，所有组件的尺寸相同。

构造方法 GridLayout() 创建一个单行的网格布局，所有组件都排列在一行中。

构造方法 GridLayout(rows, cols) 创建指定行数和列数的网格布局。

以下程序在网格布局下添加多个组件：

```
import java.awt.GridLayout;
import javax.swing.JButton;
import javax.swing.JFrame;
import javax.swing.JTextField;
public class ExamGridLayout extends JFrame {
    public void init() {
        setSize(400, 200);
        setVisible(true);
        setDefaultCloseOperation(DISPOSE_ON_CLOSE);

        GridLayout gl = new GridLayout(3, 4); // 创建 3 行 4 列的网格布局管理器
```

```
        setLayout(gl);// 设置为网格布局管理器
        for(int i=1; i<=5; i++) {// 添加 5 个按钮
            JButton btn = new JButton(" 第 " + i +" 个按钮 ");
            add(btn);
        }
        for(int i=1; i<=5; i++) {// 添加 5 个文本框
            JTextField txt = new JTextField(" 第 " + i +" 个文本框 ");
            add(txt);
        }
    }

    public static void main(String[] args) {
        new ExamGridLayout().init();
    }
}
```

运行结果如图 7-16 所示。

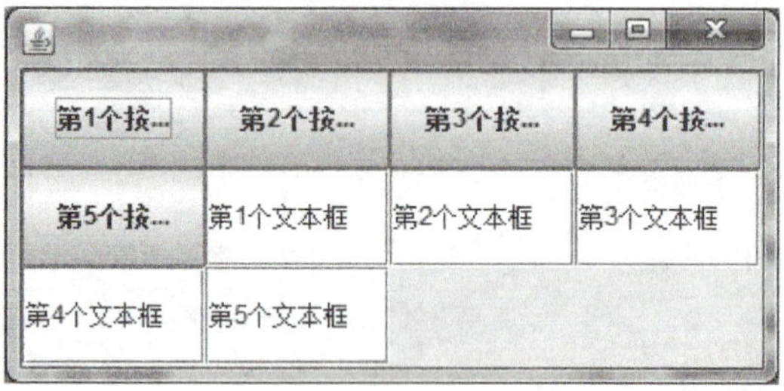

图 7-16　网格布局下添加多个组件

（4）GridBagLayout（网袋布局管理器）

网袋布局管理器在网格布局的基础上，允许组件占用多行或多列，以实现组件尺寸个性化设置的效果。使用网袋布局可以设计出较为复杂的布局结构，如计算器界面，如图 7-17 所示。

设计网袋布局的过程一般为：

1）画出界面的草图。

2）将空间划分为多行多列（行和列的交叉构成单元格）。划分的原则是：一个组件可以占用多个单元格，而一个单元格中只能出现一个组件。

图 7-17　计算器程序运行界面

3）根据空间划分，确定对于每个组件的约束条件。

4）按各自的约束条件，向容器中添加各个组件。

组件的约束条件使用 java.awt.GridBagConstraints 对象表示，它包含多个属性，用于约束组件在空间中的位置和大小。GridBagConstraints 的常用属性见表 7-18。

对于计算器界面，空间划分和部分组件的约束条件如图 7-18 所示。

表 7-18 GridBagConstraints 的常用属性

属 性	说 明
gridx	组件在空间中的水平位置：左边界所处的列号
gridy	组件在空间中的垂直位置：上边界所处的行号
gridwidth	组件的宽度：所占的列数
gridheight	组件的高度：所占的行数
fill	组件是否拉伸以填满单元格，可以是 4 种方式之一： GridBagConstraints.NONE 表示不拉伸 GridBagConstraints.HORIZONTAL 表示水平拉伸 GridBagConstraints.VERTICAL 表示垂直拉伸 GridBagConstraints.BOTH 表示水平、垂直均拉伸
anchor	当组件尺寸小于单元格空间时的对齐方式，取值有： GridBagConstraints.EAST、SOUTH、WEST、NORTH、CENTER、NORTHEAST、SOUTHEAST、NORTHWEST、SOUTHWEST

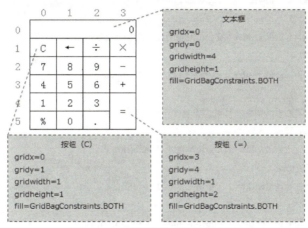

图 7-18 计算器界面的空间划分

调用容器的 add(Component, GridBagConstraints) 方法，将组件按指定的约束条件添加到容器中。程序代码如下：

import java.awt.GridBagConstraints;
import java.awt.GridBagLayout;
import javax.swing.JButton;
import javax.swing.JFrame;
import javax.swing.JTextField;
public class ExamGridBagLayout **extends** JFrame {
    public void init() {
        setSize(400, 200);
        setVisible(**true**);
        setDefaultCloseOperation(**DISPOSE_ON_CLOSE**);

        setLayout(**new** GridBagLayout());// 设置为网袋布局

// 创建一个约束对象
GridBagConstraints c=**new** GridBagConstraints();

JTextField txtResult = **new** JTextField("0");// 上方的数字文本框
txtResult.setHorizontalAlignment(JTextField.**RIGHT**);
c.gridx=0; c.gridy=0; c.gridwidth=4; c.gridheight=1;
c.fill=GridBagConstraints.**BOTH**;
add(txtResult, c);
JButton btn;
// 依次创建各个按钮，使用不同的约束条件添加到窗口中
btn=**new** JButton("C");
c.gridx=0; c.gridy=1; c.gridwidth=1; c.gridheight=1; add(btn, c);
btn=**new** JButton(" ← ");
c.gridx=1; c.gridy=1; c.gridwidth=1; c.gridheight=1; add(btn, c);
btn=**new** JButton("÷");
c.gridx=2; c.gridy=1; c.gridwidth=1; c.gridheight=1; add(btn, c);
btn=**new** JButton("×");
c.gridx=3; c.gridy=1; c.gridwidth=1; c.gridheight=1; add(btn, c);
btn=**new** JButton("7");
c.gridx=0; c.gridy=2; c.gridwidth=1; c.gridheight=1; add(btn, c);
btn=**new** JButton("8");
c.gridx=1; c.gridy=2; c.gridwidth=1; c.gridheight=1; add(btn, c);
btn=**new** JButton("9");
c.gridx=2; c.gridy=2; c.gridwidth=1; c.gridheight=1; add(btn, c);
btn=**new** JButton("-");
c.gridx=3; c.gridy=2; c.gridwidth=1; c.gridheight=1; add(btn, c);
btn=**new** JButton("4");
c.gridx=0; c.gridy=3; c.gridwidth=1; c.gridheight=1; add(btn, c);
btn=**new** JButton("5");
c.gridx=1; c.gridy=3; c.gridwidth=1; c.gridheight=1; add(btn, c);
btn=**new** JButton("6");
c.gridx=2; c.gridy=3; c.gridwidth=1; c.gridheight=1; add(btn, c);
btn=**new** JButton("+");
c.gridx=3; c.gridy=3; c.gridwidth=1; c.gridheight=1; add(btn, c);
btn=**new** JButton("1");
c.gridx=0; c.gridy=4; c.gridwidth=1; c.gridheight=1; add(btn, c);
btn=**new** JButton("2");
c.gridx=1; c.gridy=4; c.gridwidth=1; c.gridheight=1; add(btn, c);
btn=**new** JButton("3");
c.gridx=2; c.gridy=4; c.gridwidth=1; c.gridheight=1; add(btn, c);
btn=**new** JButton("=");
c.gridx=3; c.gridy=4; c.gridwidth=1; c.gridheight=2; add(btn, c);
btn=**new** JButton("%");

```
            c.gridx=0; c.gridy=5; c.gridwidth=1; c.gridheight=1; add(btn, c);
            btn=new JButton("0");
            c.gridx=1; c.gridy=5; c.gridwidth=1; c.gridheight=1; add(btn, c);
            btn=new JButton(".");
            c.gridx=2; c.gridy=5; c.gridwidth=1; c.gridheight=1; add(btn, c);
    }
    public static void main(String[] args) {
        new ExamGridBagLayout().init();
    }
}
```

5．菜单

Swing 下拉菜单中的常用类包含 JMenuBar（菜单条）、JMenu（菜单）和 JMenuItem（菜单项）。JMenuBar 一般位于窗口空间的上方，它是放置 JMenu 的容器；而 JMenu 又是放置 JMenuItem 的容器，JMenuItem 是具有实际功能的菜单项。

任务实施

简单的文本编辑器程序包含一个带有滚动条的文本区组件、文件菜单和编辑菜单，其中文件菜单包含"打开""保存""另存为"和"退出"等菜单项，编辑菜单包含"全选""复制""剪切""粘贴"和"删除"等菜单项，如图 7-19 所示。

图 7-19　简单记事本界面及菜单项

（1）定义 Notepad 类及组件

```
public class Notepad extends JFrame {
    private JTextArea txtContent;
    private JMenuBar mnuBar;
    private JMenu mnuFile, mnuEdit;
    private JMenuItem mnuOpen, mnuSave, mnuSaveAs, mnuExit;
    private JMenuItem mnuSelectAll, mnuCopy, mnuCut, mnuPaste, mnuDelete;
    //...
}
```

（2）添加带有滚动条的文本区

记事本窗口的主空间中只放置一个多行文本区，它的大小与窗口大小一致。JFrame 的默认布局为 BorderLayout，所以可以直接将放置文本区的滚动面板添加到空间的 CENTER 区域。

txtContent = new JTextArea();

JScrollPane sp = **new** JScrollPane(txtContent);
sp.setHorizontalScrollBarPolicy(JScrollPane.**HORIZONTAL_SCROLLBAR_AS_NEEDED**);
sp.setVerticalScrollBarPolicy(JScrollPane.**VERTICAL_SCROLLBAR_AS_NEEDED**);
add(sp); // 默认添加到 CENTER 区域

（3）创建并添加各菜单对象

窗口的 **setJMenuBar(JMenuBar)** 方法用于设置菜单条，JMenuBar 的 add(JMenu) 方法用于向菜单条中添加菜单，JMenu 的 add(JMenuItem) 方法用于向菜单中添加菜单项。菜单项之间的灰色线条用于将多个菜单项按功能分组，如文件菜单中的"另存为"与"退出"之间的分隔，JMenu 的 addSeparator() 方法可以添加分隔线。

```
mnuBar = new JMenuBar();// 创建菜单条
setJMenuBar(mnuBar);// 将菜单条添加到窗口
mnuFile = new JMenu(" 文件 (F)");// 创建文件菜单
mnuFile.setMnemonic('F');
mnuEdit = new JMenu(" 编辑 (E)");// 创建编辑菜单
mnuEdit.setMnemonic('E'); // 设置菜单的访问键
// 分别将文件菜单、编辑菜单添加到菜单条
mnuBar.add(mnuFile);
mnuBar.add(mnuEdit);
// 创建各菜单项，并分别添加到文件菜单和编辑菜单
mnuOpen = new JMenuItem(" 打开 ");
// 设置菜单的快捷键为 Ctrl+O
mnuOpen.setAccelerator(KeyStroke.getKeyStroke('O', InputEvent.CTRL_MASK));
mnuFile.add(mnuOpen);

mnuSave = new JMenuItem(" 保存 ");
mnuFile.add(mnuSave);

mnuSaveAs = new JMenuItem(" 另存为 ");
mnuFile.add(mnuSaveAs);

mnuFile.addSeparator();// 添加一个菜单项分隔线

mnuExit = new JMenuItem(" 退出 ");
mnuFile.add(mnuExit);

mnuSelectAll = new JMenuItem(" 全选 ");
mnuEdit.add(mnuSelectAll);

mnuCopy = new JMenuItem(" 复制 ");
mnuEdit.add(mnuCopy);

mnuCut = new JMenuItem(" 剪切 ");
mnuEdit.add(mnuCut);
```

```
mnuPaste = new JMenuItem(" 粘贴 ");
mnuEdit.add(mnuPaste);

mnuDelete = new JMenuItem(" 删除 ");
mnuEdit.add(mnuDelete);
```

（4）窗口其他属性设计与显示

```
setTitle(" 我的记事本 ");
setExtendedState(MAXIMIZED_BOTH);// 窗口最大化
setDefaultCloseOperation(DISPOSE_ON_CLOSE);
setVisible(true);
```

任务 4　事件处理与功能实现

 知识准备

1. Java 的常用事件

在 Java 语言中，事件处理机制涉及事件源、事件、事件监听器。事件源指产生事件的组件，如菜单项、按钮；事件指一个具体的事件对象，如选择菜单项或单击按钮时的动作事件（ActionEvent），事件对象中包含了事件发生的一些相关信息，如事件源、鼠标位置、鼠标单击次数、是否同时按下键盘的功能键等；事件监听器指一个实现了某种事件 Listener 接口的类的对象，它用于监测被监听对象（如菜单项或按钮），一旦产生了相应的事件，就自动调用监听器中的对应方法，以实现事件处理。

事件监听器必须符合一定的规范：实现所要求的接口，如动作事件监听器必须实现 ActionListener。

所有与事件处理相关的接口和类，都来源于 java.awt 包。

Java 语言中最常用的事件是 Action 事件，其他还有 Window 事件、Adjustment 事件、Item 事件、Focus 事件、Key 事件、Mouse 事件、MouseMotion 事件和 Text 事件等。

（1）Action 事件

Action 事件类为 ActionEvent，一般产生于单击按钮、选择菜单项、双击列表组件中的项目、在文本框中按 <Enter> 键。事件监听类必须实现 ActionListener 接口，并重写其中的 actionPerformed 方法，为组件添加或注册 Action 事件监听器的方法名为 addActionListener。

（2）Window 事件

Window 事件类为 WindowEvent，产生于窗口状态变化。事件监听器实现 WindowListener 接口，需要重写的方法有 7 个，这些方法在窗口事件的不同时机被自动调用。方法如下：

1）windowOpened(WindowEvent) 表示窗口打开后调用。
2）windowClosing(WindowEvent) 表示窗口将要关闭时调用。
3）windowClosed(WindowEvent) 表示窗口关闭时调用。
4）windowIconified(WindowEvent) 表示窗口最小化时调用。
5）windowDeiconified(WindowEvent) 表示窗口由最小化恢复时调用。
6）windowActivated(WindowEvent) 表示窗口变为活动窗口时调用。
7）windowDeactivated(WindowEvent) 表示窗口变为非活动窗口时调用。

为组件添加 Window 事件监听器的方法名为 addWindowListener。

（3）Adjustment 事件

Adjustment 事件类为 AdjustmentEvent，产生于可调节组件（滚动条）的值被调整时，AdjustmentEvent 对象的 getValue() 方法返回组件当前的值。事件监听器实现 AdjustmentListener 接口，重写 adjustmentValueChanged 方法。为组件添加 Adjustment 事件监听器的方法名为 addAdjustmentListener。

（4）Item 事件

Item 事件类为 ItemEvent，在可供选择的组件（如单选按钮、复选按钮、组合框或列表）中选择或取消选择时产生。事件监听器实现 ItemListener 接口，重写 itemStateChanged 方法。为组件添加 Item 事件监听器的方法名为 addItemListener。

（5）Focus 事件

Focus 事件类为 FocusEvent，在组件得到或失去焦点时产生。事件监听器实现 FocusListener 接口，需要重写的两个方法为 focusGained 和 focusLost，分别在得到、失去焦点时调用。为组件添加 Focus 事件监听器的方法名为 addFocusListener。

（6）Key 事件

Key 事件类为 KeyEvent，在组件中按下、松开或输入了键盘上某个（或若干组合键）时触发。事件监听器实现 KeyListener 接口，重写的方法有 keyPressed、keyReleased 和 keyTyped 三个，分别在键盘的键被按下、松开或输入时调用。为组件添加 Key 事件监听器的方法名为 addKeyListener。

KeyEvent 对象有 getKeyChar()、getKeyCode() 两个常用方法，具体说明见表 7-19。

表 7-19 KeyEvent 类的常用方法

方法	说明
getKeyChar()	获取所按键的 Unicode 字符。这个方法只在事件的 keyTyped 方法中有效，而不适用于 keyPressed 和 keyReleased 方法
getKeyCode()	获取所按键的整数代码。KeyEvent 类中定义了一系列常量表示键盘所有键的代码，如 VK_0、VK_A、VK_F1、VK_LEFT 等

（7）Mouse 事件

Mouse 事件类为 MouseEvent，当鼠标移入、移出、按下、松开或单击某个键时产生。事件监听器实现 MouseListener 接口，重写 mouseEntered、mouseExited、mousePressed、mouseReleased 和 mouseClicked 五个方法。为组件添加 Mouse 事件监听器的方法名为 addMouseListener。

MouseEvent 提供了能够获取事件产生时鼠标和键盘状态信息的常用方法，见表 7-20。

表 7-20 MouseEvent 类的常用方法

方　　法	说　　明
getButton()	返回是鼠标哪个键导致的事件。MouseEvent 中定义了常量 BUTTON1、BUTTON2 和 BUTTON3，分别对应鼠标的左中右 3 个键
getClickCount()	返回鼠标单击的次数
getX()	返回鼠标在组件中的 x 坐标
getY()	返回鼠标在组件中的 y 坐标
isAltDown()	产生鼠标事件时是否同时按下了 <Alt> 键
isControlDown()	产生鼠标事件时是否同时按下了 <Ctrl> 键
isShiftDown()	产生鼠标事件时是否同时按下了 <Shift> 键

（8）MouseMotion 事件

MouseMotion 事件类也是 MouseEvent，鼠标在组件上移动或拖动时产生。事件监听器实现 MouseMotionListener 接口，重写 mouseDragged 和 mouseMoved 两个方法。为组件添加 MouseMotion 事件监听器的方法名为 addMouseMotionListener。

（9）Text 事件

Text 事件类为 TextEvent，当组件的文本变化时产生。事件监听器实现 TextListener 接口，重写 textValueChanged 方法。为组件添加 Text 事件监听器的方法名为 addTextListener。

2．文件选择对话框

javax.swing.JFileChooser 是一个文件选择对话框组件，它可以实现"打开""保存（另存为）"等常用对话框功能，其 showOpenDialog(null) 方法显示打开对话框，showSaveDialog(null) 方法显示保存对话框，getSelectedFile() 方法以 File 类型返回对话框中所选择的文件对象。

在默认情况下，对话框会显示所有文件。而大多场合中需要对文件进行筛选，如本项目中只要求在对话框中列出文本文件（文件扩展名为 .txt）。抽象类 javax.swing.filechooser. FileFilter 是一个文件筛选器类，继承它可以自定义特殊功能的筛选器，需要重写的方法有 boolean accept(File) 和 String getDescription() 方法，前者决定文件是否列出，后者决定筛选器的描述文字（即对话框中的"文件类型"）。调用文件选择对话框的 setFileFilter(FileFilter) 可以添加文件筛选器。

任务实施

程序的功能主要由各个菜单项提供。当用户选择某个菜单功能时，会触发其 Action 事件（动作事件）。因此，需要针对菜单的动作事件进行编程，以实现菜单项对应的功能。用户选择菜单的方式可能是通过鼠标、键盘、菜单的访问键或快捷键之一。

1．mnuExit 菜单项（退出功能）

System 类的静态方法 exit(0) 可以使程序结束运行。

对于 mnuExit 菜单项的退出功能，我们应该监听它的 ActionEvent，所以需要定义一个实现 ActionListener 接口的类，重写接口中的 actionPerformed(ActionEvent) 方法以明确如何处理或响应该事件。

（1）定义 ExitActionListener 类

```
import java.awt.event.ActionEvent;
import java.awt.event.ActionListener;
/**
 * 实现 ActionListener 接口，这个类就具有 Action 事件处理的能力
 */
public class ExitActionListener implements ActionListener {
    /**
     * 重写此方法，当事件发生时执行一定的语句
     */
    public void actionPerformed(ActionEvent ae) {
        System.exit(0);// 程序退出
    }
}
```

（2）创建 ExitActionListener 类的对象

```
// 写在窗口类的 init 方法中，创建菜单的语句之后
ExitActionListener exitListener = new ExitActionListener();
```

（3）为 mnuExit 菜单项添加（注册）动作事件监听器

```
mnuExit.addActionListener(exitListener);
```

在 Java 语言中，为某个对象添加（注册）事件监听器的方法名字一般为 addXxxListener，其中 Xxx 是具体事件的类型。

2．mnuOpen 菜单项（打开功能）

选择菜单中的打开功能后，应该弹出一个"打开"对话框，供用户选择文件后，读取文件内容显示在文本区中。"打开"对话框如图 7-20 所示。

图 7-20 "打开"对话框

（1）自定义文本文件筛器类 TxtFileFilter

```
/**
 * 筛选器
 * 继承抽象类 javax.swing.filechooser.FileFilter
 * 作用：对文件选择对话框中的文件进行筛选
 */
```

```java
class TxtFileFilter extends FileFilter{
    /**
     * 根据文件名决定文件是否通过筛选
     */
    public boolean accept(File pathname) {
        return (pathname.isFile() &&
                pathname.getName().toLowerCase().endsWith(".txt"));
    }
    /**
     * 文件筛选器的描述
     */
    public String getDescription() {
        return " 文本文件 ";
    }
}
```

（2）定义事件监听器 OpenListener 类

```java
public class OpenListener implements ActionListener {
    private JTextArea txtContent;// 用于接收窗口中的文本区对象
    public void actionPerformed(ActionEvent e) {
        // 创建一个文件选择对话框
        JFileChooser fc = new JFileChooser();
        // 为对话框设置文件筛选器
        TxtFileFilter txtFilter = new TxtFileFilter();
        fc.setFileFilter(txtFilter);
        // 显示 " 打开 " 对话框
        fc.showOpenDialog(null);
        // 获得所选择的文件
        File theFile = fc.getSelectedFile();
        try {// 将文件内容读取并显示到文本区
            FileInputStream in = new FileInputStream(theFile);
            byte bs[] = new byte[in.available()];
            in.read(bs);
            String content = new String(bs);
            txtContent.setText(content);
            in.close();
        }catch(Exception ex) {}
    }
    public JTextArea getTxtContent() {
        return txtContent;
    }
    public void setTxtContent(JTextArea txtContent) {
        this.txtContent = txtContent;
    }
```

}
　　（3）为 mnuOpen 菜单项创建并添加事件监听器
OpenListener openListener = **new** OpenListener();
openListener.setTxtContent(txtContent);
mnuOpen.addActionListener(openListener);

3．mnuSave、mnuSaveAs 菜单项（"保存"与"另存为"功能）

　　如果所编辑的内容已有对应的文件，则"保存"功能是直接将文本区内容写入该文件，否则"保存"功能与"另存为"功能相同：显示"保存"对话框让用户选择目标文件后再保存。执行"打开""保存"或"另存为"操作后，即有了对应的文件。因此，在窗口类中定义一个 file 属性，并创建它的 get 和 set 方法。

```java
public class Notepad extends JFrame {
    …
    private File file = null;// 内容对应的文件
    public void init() {
        …
        OpenListener openListener = new OpenListener();
        openListener.setTxtContent(txtContent);
        openListener.setNotepad(this);// 将窗口传送给事件监听器（this 代表当前对象 - 窗口）
        mnuOpen.addActionListener(openListener);
        …
    }
    …
    public File getFile() {
        return file;
    }
    public void setFile(File file) {
        this.file = file;
    }
}
```

　　修改 OpenListener 类，使它能接收窗口类对象，通过这个对象传出所选择的文件对象。

```java
public class OpenListener implements ActionListener {
    …
    private Notepad notepad;// 用于接收窗口对象
    public void actionPerformed(ActionEvent e) {
        …
        File theFile = fc.getSelectedFile();
        notepad.setFile(theFile);// 调用窗口对象中 file 属性的 set 方法，为 file 属性赋值
        …
    }
    …
    public Notepad getNotepad() {
        return notepad;
```

}
　　public void setNotepad(Notepad notepad) {
　　　　this.notepad = notepad;
　　}
}

　　定义事件监听器 SaveOrSaveAsListener 类，在 actionPerformed 方法中，根据 ActionEvent 对象获得事件源，判别产生事件的菜单项，以决定执行哪种操作来处理事件。

```java
import java.awt.event.ActionEvent;
import java.awt.event.ActionListener;
import java.io.FileOutputStream;
import javax.swing.JFileChooser;
import javax.swing.JMenuItem;
import javax.swing.JTextArea;
public class SaveOrSaveAsLietener implements ActionListener {
    private Notepad notepad;// 用于接收窗口类，以访问其中的 file 属性
    private JTextArea txtContent;// 用于接收窗口中的文本区，以获得内容
    public void actionPerformed(ActionEvent e) {
        // 调用 ActionEvent 对象（参数 e）的 getSource() 方法，可以获得事件源
        // 通过事件源区分对象，这样就可以同时监听多个对象
        JMenuItem mnu = (JMenuItem)e.getSource();
        // 如果是"另存为"菜单项，或内容尚无对应的文件
        if(" 另存为 ".equalsIgnoreCase(mnu.getText()) ||
                    notepad.getFile() == null){
            JFileChooser fc = new JFileChooser();
            fc.setFileFilter(new TxtFileFilter());
            fc.showSaveDialog(null);// 显示"保存"对话框
            // 将对话框中所选择的文件对象设置到窗口的属性中
            notepad.setFile(fc.getSelectedFile());
        }
        String content = txtContent.getText();
        try {
            FileOutputStream out = new FileOutputStream(notepad.getFile());
            out.write(content.getBytes());
            out.close();
        }catch(Exception ex) {}
    }
    public Notepad getNotepad() {
        return notepad;
    }
    public void setNotepad(Notepad notepad) {
        this.notepad = notepad;
    }
    public JTextArea getTxtContent() {
```

```java
        return txtContent;
    }
    public void setTxtContent(JTextArea txtContent) {
        this.txtContent = txtContent;
    }
}
```

创建一个事件监听器对象，同时监听两个菜单项。代码如下：

```java
SaveOrSaveAsLietener savelistener = new SaveOrSaveAsLietener();
savelistener.setNotepad(this);
savelistener.setTxtContent(txtContent);
// 一个监听器同时监听两个菜单项
mnuSave.addActionListener(savelistener);
mnuSaveAs.addActionListener(savelistener);
```

4．编辑菜单中各菜单项的功能

文本区的 copy()、cut()、paste() 等方法分别对应了剪贴板的复制、剪切和粘贴操作，replaceSelection(String) 方法将所选的内容替换为指定字符串，如果替换为空串则是删除功能。

事件监听器的定义如下：

```java
public class EditListener implements ActionListener {
    private JTextArea txtContent;
    public void actionPerformed(ActionEvent e) {
        JMenuItem mnu = (JMenuItem)e.getSource();
        if(" 全选 ".equalsIgnoreCase(mnu.getText())) {
            txtContent.selectAll();
        }
        if(" 复制 ".equalsIgnoreCase(mnu.getText())) {
            txtContent.copy();
        }
        if(" 剪切 ".equalsIgnoreCase(mnu.getText())) {
            txtContent.cut();
        }
        if(" 粘贴 ".equalsIgnoreCase(mnu.getText())) {
            txtContent.paste();
        }
        if(" 删除 ".equalsIgnoreCase(mnu.getText())) {
            // 将所选内容用空串替换，实现删除所选文字的功能
            txtContent.replaceSelection("");
        }
    }
    public JTextArea getTxtContent() {
        return txtContent;
    }
    public void setTxtContent(JTextArea txtContent) {
        this.txtContent = txtContent;
```

        }
    }

为编辑菜单中的所有菜单项添加事件监听器对象。代码如下：
EditListener editListener = **new** EditListener();
editListener.setTxtContent(txtContent);
mnuSelectAll.addActionListener(editListener);
mnuCopy.addActionListener(editListener);
mnuCut.addActionListener(editListener);
mnuPaste.addActionListener(editListener);
mnuDelete.addActionListener(editListener);

5．编辑菜单中菜单项的状态设置

当下拉出现编辑菜单的子菜单时，应该根据文本区中有无选择文字、剪贴板有无文字内容来设置相关菜单项的状态。

菜单项的 setEnabled(boolean) 可以设置其启用状态。java.awt.Toolkit、java.awt.datatransfer.Clipboard、java.awt.datatransfer.DataFlavor 等都是与访问剪贴板有关的类。下面的语句用于获得系统的剪贴板。剪贴板中支持多种类型的数据，如文本、图像等。
Clipboard cb = Toolkit.getDefaultToolkit().getSystemClipboard();

DataFlavor.stringFlavor 表示文本格式的内容。方法：cb.isDataFlavorAvailable(DataFlavor.stringFlavor) 用于判断剪贴板中内容是否为文本格式。

因为 mnuEdit 菜单只是一个中间容器，它不是具有实际功能的菜单项，所以并不支持 Action 事件，而支持 Menu 事件。与监听 Menu 事件（MenuEvent）相关的接口为 MenuListener，它有 menuSelected(MenuEvent)、menuDeselected(MenuEvent) 和 cancelled(MenuEvent) 三种方法，当菜单被选择时自动调用第一个方法。

监听 mnuEdit 菜单的类定义如下：
public class EditStateListener **implements** MenuListener {
    private JTextArea txtContent;
    private JMenuItem mnuCopy, mnuCut, mnuPaste, mnuDelete;
    public void menuCanceled(MenuEvent arg0) {
    }
    public void menuDeselected(MenuEvent arg0) {
    }
    public void menuSelected(MenuEvent arg0) {
        // 根据文本区中有无选择文本，设置菜单项的启用状态
        mnuCopy.setEnabled(txtContent.getSelectedText() != **null**);
        mnuCut.setEnabled(txtContent.getSelectedText() != **null**);
        mnuDelete.setEnabled(txtContent.getSelectedText() != **null**);
        // 获得系统剪贴板
        Clipboard cb = Toolkit.getDefaultToolkit().getSystemClipboard();
        // 根据剪贴板中是否为文本内容，设置"粘贴"菜单项状态
        mnuPaste.setEnabled(cb.isDataFlavorAvailable(DataFlavor.**stringFlavor**));
    }
    // 各属性的 getter、setter 方法

…
}

为 mnuEdit 创建并添加监听器。代码如下：

EditStateListener stateListener = **new** EditStateListener();
stateListener.setTxtContent(txtContent);
stateListener.setMnuCopy(mnuCopy);
stateListener.setMnuCut(mnuCut);
stateListener.setMnuPaste(mnuPaste);
stateListener.setMnuDelete(mnuDelete);
mnuEdit.addMenuListener(stateListener);

任务 5　字体设置功能

1．组合框组件

JComboBox（组合框）是按钮、编辑框和下拉列表的组合。下拉列表中一行一行（通常为字符串）可供选择的称为项目（item）。组合框既可用于从列表项目中选择，又支持从键盘输入，常用方法见表 7-21。

表 7-21　JComboBox 类的常用方法

方　　法	说　　明
JComboBox()	构造方法
JComboBox([]items)	构造方法。数组参数指定列表中的项目
addItem(obj)	向列表中添加一个项目
insertItemAt(obj, index)	向列表指定编号处插入一个项目
removeAllItems()	清除列表中所有项目
removeItemAt(index)	删除指定编号的项目
getItemAt(index)	返回列表中指定编号的项目
getItemCount()	返回列表中项目总数
getSelectedIndex()	返回列表中首个被选定项目的编号
getSelectedItem()	返回所选项目
setEditable(boolean)	设置组合框是否可编辑（支持输入）

2. 复选框组件

JCheckBox（复选框）通常以一个小方框带上文字的样式，供用户选择或取消选择某个特定选项，比如是否粗体、是否斜体，多个复选框之间的选择状态互不干扰，即可多选，可不选。常用方法见表 7-22。

表 7-22　JCheckbox 类的常用方法

方　　法	说　　明
JCheckbox(str)	构造方法。参数指定文字内容
JCheckbox(str, boolean)	构造方法。boolean 参数指定其选择状态
isSelected()	返回其选择状态
setSelected(boolean)	设置其选择状态

3. 单选按钮组件

JRadioButton（单选按钮）通常以一个小圆圈带上文字的样式，供用户在多个选项中选择一项，比如，文字的颜色。常用方法见表 7-23。

表 7-23　JRadioButton 类的常用方法

方　　法	说　　明
JRadioButton(str)	构造方法
JRadioButton(str, boolean)	构造方法。可指定其选择状态
isSelected()	返回其选择状态
setSelected(boolean)	设置其选择状态

注意：直接创建的单选按钮是相互独立的，只有把它们添加到一个 java.awt.ButtonGroup（按钮组）对象中，它们才会具有单选的特性。

4. 滚动条组件

JScrollBar（滚动条）以滑块的样式供用户拖动、调整，以输入整数，它有水平和垂直两种。常用方法见表 7-24。

表 7-24　JScrollBar 类的常用方法

方　　法	说　　明
JScrollBar(orientation, value, extent, min, max)	构造方法。参数均为整型，orientation 指定方向：（HORIZONTAL）0 表示水平、（VERTICAL）1 表示垂直，value 指定初始值，extent 指定每次跳跃量，min 与 max 指定最小值与最大值
getValue()	返回当前值
setValue()	设置当前值

5. 字体

java.awt.Font 类表示字体，它决定字符显示的外观，包含字体名称、字型（样式）和字号等特征。字体名称为字符串；字型为整数，用于表示是否为粗体、斜体。既不加粗又不斜体的称为普通字型，常量为 Font.PLAIN，值为 0；粗体字型常量为 Font.BOLD，值为 1；斜体常量为 Font.ITALIC，值为 2；粗斜体为 Font.BOLD + Font.ITALIC，值为 3。字号也是整数，数字越大则外观越大。Font 类的构造方法为：

Font(String name, int style, int size)

参数分别指定字体名称、字型和字号。

java.awt.GraphicsEnvironment 类表示图形环境，它的静态方法 getLocalGraphicsEnvironment() 返回系统的图形环境，getAvailableFontFamilyNames() 方法返回系统的字体名称数组。

6．简单图形绘制

容器的 paint(Graphics g) 方法用于在容器空间中画图，它的 java.awt.Graphics 类型的参数 g 表示容器的图形对象，g.drawLine(x1, y1, x2, y2) 方法用于画一条指定端点的线段。

Graphics 类的常用方法见表 7-25。

表 7-25　Graphics 类的常用方法

方　　法	说　　明
drawArc(x, y, width, height, startAngle, arcAngle)	画圆弧。绘制以 (x,y) 为中心，宽度和高度为 width、height，指定起始角和跨度的圆弧，其中起始角 0 对应时针三点位置，正值表示逆时针方向，负值表示顺时针方向（参数均为整型）
fillArc(x, y, width, height, startAngle, arcAngle)	填充扇形。填充以 (x,y) 为中心，宽度和高度分别为 width 和 height，指定起始角和跨度的扇形
drawPolyline([] xPoints, [] yPoints, nPoints)	绘制由 x 和 y 坐标数组定义的一系列连接线。每对 (x, y) 坐标定义了一个点。如果第一个点和最后一个点不同，则图形不是闭合的
drawstring(str, x, y)	在指定坐标 (x, y) 处绘制字符串
drawLine(x1, y1, x2, y2)	绘制线段。参数分别指定两个端点的 x 与 y 坐标
drawRect(x, y, width, height)	绘制矩形
setColor(color)	设置画图的前景色。参数为 java.awt.Color 类型，Color 定义了常用颜色的常量，如 RED、GREEN、BLUE、BLACK、WHITE 等，也可以使用 Color 的构造方法按 RGB 模型生成指定颜色：Color(r, g, b)，参数可以是 int（0～255）或 float（0.0～1.0）类型

容器的背景色由 setBackground(Color) 方法设置。

如果需要在容器中自定义画图，只要重写该容器的 paint 方法即可。paint 方法不能直接调用，而应该通过调用容器的 repaint() 方法来间接调用。

鼠标移动时产生 MouseMotion 事件，对应的事件类为 MouseEvent，它提供的 getX() 和 getY() 方法返回鼠标在组件中的位置坐标（等价于 getPoint() 方法）。

MouseEvent 类的 getModifierEx() 方法返回事件产生时键盘上相关的键和鼠标键的状态，比如：

(e.getModifiersEx() & MouseEvent.CTRL_DOWN_MASK) > 0

用于判断是否同时按下了 <Ctrl> 键；

(e.getModifiersEx() & MouseEvent.BUTTON1_DOWN_MASK) > 0

用于判断是否单击了鼠标。

下面是一个通过鼠标移动画点的程序。

（1）定义画图的窗口类 Brush

```java
import java.awt.Graphics;
import java.awt.Point;
import java.util.ArrayList;
import java.util.List;
import javax.swing.JFrame;
/**
 * 画图程序
 */
public class Brush extends JFrame {
    private List<Point> points;// 用于保存鼠标移动所经过的全部坐标点
    public void init() {
        points = new ArrayList<>();// 通过 ArrayList 类创建 points 对象

        // 将在此处书写注册 MouseMotion 事件监听器的语句

        setSize(400, 400);
        setVisible(true);
        setDefaultCloseOperation(EXIT_ON_CLOSE);
    }
    /**
     * 重写窗口的 paint 方法，实现自定义画图功能
     */
    public void paint(Graphics g) {
        for(Point p : points) {// 画出所有的点
            // 绘制指定坐标、宽度高度都是 1 的矩形（点）
            g.drawRect(p.x, p.y, 1, 1);
        }
    }
    public static void main(String[] args) {
        new Brush().init();
    }
}
```

（2）定义 MouseMotion 事件的监听器类

```java
import java.awt.Point;
import java.awt.event.MouseEvent;
import java.awt.event.MouseMotionListener;
import java.util.List;
public class MyMouseMotionListener implements MouseMotionListener {
    private List<Point> points;// 接收窗口送来的点列表
    private Brush brush;// 接收窗口送来的窗口对象
    public void mouseDragged(MouseEvent e) {
        // 如果鼠标拖动时按下了左键，则将鼠标位置的点添加到点列表中
```

```
        if((e.getModifiersEx() & MouseEvent.BUTTON1_DOWN_MASK )>0) {
            points.add(e.getPoint());
            // 调用窗口的 repaint 方法，更新图像
            brush.repaint();
        }
    }
    // 属性的 getter 和 setter 方法
    ...
}
```

（3）在窗口中添加注册 MouseMotion 事件监听器的语句

```
MyMouseMotionListener mouseMotionListener = new MyMouseMotionListener();
mouseMotionListener.setPoints(points);
mouseMotionListener.setBrush(this);
addMouseMotionListener(mouseMotionListener);
```

程序运行效果如图 7-21 所示。

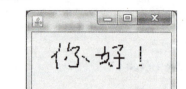

图 7-21　鼠标拖动画图

任务实施

1．界面设计

自定义字体设置程序的参考界面如图 7-22 所示。

图 7-22　字体设置程序

程序中使用一个标签组件（JLabel）显示"示例文字"，所有的设置功能都以这个标签为目标，供用户预览设置效果。使用一个组合框组件（JComboBox），列出系统支持的全部字体名称。使用两个复选框组件（JCheckBox）设置字型：粗体、斜体。使用一个滚动条组件（JScrollBar）设置字体大小。使用三个单选按钮组件（JRadioButton）设置文字颜色。

程序的窗口类 WinFont 以及界面设计代码如下：

```java
public class WinFont extends JFrame {
    private JLabel lblExam;// 显示示例文字和设置效果
    private JComboBox<String> cmbFontName;// 字体名称组合框
    private JCheckBox chkBold, chkItalic;// 粗体与斜体复选框
    private JScrollBar scrFontSize;// 调整字体大小的滚动条
    private JRadioButton radBlack, radRed, radBlue;// 颜色 - 单选按钮

    private String fontName =" 楷体 ";
    private int fontSize = 20, fontStyle = Font.PLAIN;
    private Color fontColor = Color.BLACK;

    public void init() {
        setLayout(null);

        lblExam=new JLabel(" 示例文字 ");
        add(lblExam);
        lblExam.setBounds(10, 10, 200, 50);

        JLabel lblFontName = new JLabel(" 字体 ");
        add(lblFontName);
        lblFontName.setBounds(10, 70, 50, 30);
        cmbFontName = new JComboBox< >();
        add(cmbFontName);
        cmbFontName.setBounds(60, 70, 150, 30);

        chkBold = new JCheckBox(" 粗体 ");
        add(chkBold);
        chkBold.setBounds(10, 110, 70, 30);
        chkItalic = new JCheckBox(" 斜体 ");
        add(chkItalic);
        chkItalic.setBounds(85, 110, 70, 30);

        JLabel lblSize = new JLabel(" 大小 ");
        add(lblSize);
        lblSize.setBounds(10, 150, 50, 30);

        scrFontSize = new JScrollBar(0, 20, 1, 5, 50);
        add(scrFontSize);
        scrFontSize.setBounds(10, 190, 200, 30);

        radBlack = new JRadioButton(" 黑色 ", true);
        add(radBlack);
```

```java
        radBlack.setBounds(10, 230, 65, 30);
        radRed = new JRadioButton(" 红色 ");
        add(radRed);
        radRed.setBounds(75, 230, 65, 30);
        radBlue = new JRadioButton(" 蓝色 ");
        add(radBlue);
        radBlue.setBounds(140, 230, 65, 30);

        // 获得系统的图形环境
        GraphicsEnvironment ge = GraphicsEnvironment.getLocalGraphicsEnvironment();
        // 将系统所有的字体名称添加到字体组合框中
        for(String e : ge.getAvailableFontFamilyNames()) {
            cmbFontName.addItem(e);
        }
        cmbFontName.setEditable(true);

        // 创建一个按钮组,将 3 个单选按钮归为一组
        ButtonGroup group = new ButtonGroup();
        group.add(radBlack);
        group.add(radRed);
        group.add(radBlue);

        // 初始化设置示例文字的字体、颜色
        setFontAndColor();

        setSize(230, 300);
        setVisible(true);
        setDefaultCloseOperation(EXIT_ON_CLOSE);
    }
    /**
     * 设置示例文字字体、颜色的方法
     */
    public void setFontAndColor() {
        // 创建字体
        Font font = new Font(fontName, fontStyle, fontSize);
        lblExam.setFont(font);
        lblExam.setForeground(fontColor);
    }

    public static void main(String[] args) {
        new WinFont().init();
    }
    // 属性的 getter 和 setter 方法
```

2. 滚动条事件处理

滚动条的滑块位置代表了当前值，用户改变滑块位置的操作可以是：拖动、单击两侧空白区域或单击两端按钮。滚动条的值发生变化会产生 AdjustmentEvent 事件，事件对象的 getValue() 方法返回当前值。事件监听器定义如下：

```java
public class MyAdjustmentListener implements AdjustmentListener {
    private WinFont winFont;
    @Override
    public void adjustmentValueChanged(AdjustmentEvent e) {
        // 将滚动条的值设置到窗口类的 fontSize 属性
        winFont.setFontSize(e.getValue());
        // 调用窗口类中的方法，更新字体
        winFont.setFontAndColor();
    }
    public WinFont getWinFont() {
        return winFont;
    }
    public void setWinFont(WinFont winFont) {
        this.winFont = winFont;
    }
}
```

为滚动条添加事件监听器。代码如下：

```java
// 创建滚动条调整的监听器
MyAdjustmentListener adjustmentListener = new MyAdjustmentListener();
adjustmentListener.setWinFont(this);
scrFontSize.addAdjustmentListener(adjustmentListener);
```

3. 各类选择组件事件处理

组合框选择项目变化、复选框选择状态变化、单选按钮选择状态变化，都会产生 ItemEvent 事件。因此，可以定义一个 ItemEvent 事件的监听器，同时监视字体名称组合框、字型复选框和颜色单选按钮。使用 instanceof 运算符可以判断事件源组件属于 JComboBox、JCheckBox，还是 JRadioButton。对于复选框，事件对象的 getStateChange() 方法得到最新的选择状态。ItemEvent 事件监听器定义如下：

```java
public class MyItemListener implements ItemListener {
    private WinFont winFont;// 接收窗口对象，通过它能够访问窗口中的各个属性
    @Override
    public void itemStateChanged(ItemEvent e) {
        // 事件源是组合框
        if(e.getSource() instanceof JComboBox) {
            winFont.setFontName((String)e.getItem());
        }
        // 事件源是复选框
        if(e.getSource() instanceof JCheckBox) {
```

```java
            JCheckBox box = (JCheckBox)e.getSource();
            if(" 粗体 ".equals(box.getText())){
                if(e.getStateChange() == e.SELECTED)
                    winFont.setFontStyle(winFont.getFontStyle()+1);
                else
                    winFont.setFontStyle(winFont.getFontStyle()-1);
            }
            if(" 斜体 ".equals(box.getText())){
                if(e.getStateChange() == e.SELECTED)
                    winFont.setFontStyle(winFont.getFontStyle()+2);
                else
                    winFont.setFontStyle(winFont.getFontStyle()-2);
            }
        }
        // 事件源是单选按钮
        if(e.getSource() instanceof JRadioButton) {
            JRadioButton rad = (JRadioButton)e.getSource();
            if(" 黑色 ".equals(rad.getText()))
                winFont.setFontColor(Color.BLACK);
            if(" 红色 ".equals(rad.getText()))
                winFont.setFontColor(Color.RED);
            if(" 蓝色 ".equals(rad.getText()))
                winFont.setFontColor(Color.BLUE);
        }
        winFont.setFontAndColor();
    }
    public WinFont getWinFont() {
        return winFont;
    }
    public void setWinFont(WinFont winFont) {
        this.winFont = winFont;
    }
}
```

为组件添加事件监听器。代码如下：

```java
//Item 事件监听器，同时监听组合框、复选框、单选按钮
MyItemListener itemListener = new MyItemListener();
itemListener.setWinFont(this);
cmbFontName.addItemListener(itemListener);
chkBold.addItemListener(itemListener);
chkItalic.addItemListener(itemListener);
radBlack.addItemListener(itemListener);
radRed.addItemListener(itemListener);
radBlue.addItemListener(itemListener);
```

项目总结

面向对象程序设计思想把程序处理的数据看作相对独立的对象，将对象的属性和方法封装成一个整体。类是同一类对象的抽象归纳，对象是类的实例。

Java 语言通过 AWT 包和 Swing 包分别提供了图形界面的窗口容器和组件类，同时提供了丰富的布局类用于界面布局控制，方便实现美观的界面设计。

Java 语言提供了基于事件监听器接口的事件处理机制，通过实现相应的监听器接口、重写事件处理方法，即可实现事件处理功能。

练习

1）编写程序，定义一个递归的方法 sigma(n)，计算 1～n 的整数和。

2）编写程序，使用 byte 数组以块的方式实现文件复制。

3）以下程序代码在运行时会得到什么样的输出结果？请结合程序分析 try-catch 语句的运行流程。

```
try {
    System.out.println(1/0);
    System.out.println("abc".charAt(3));
} catch(ArithmeticException ae) {
    System.out.println(" 出现算术运算异常 ");
} catch(IndexOutOfBoundsException ie) {
    System.out.println(" 出现下标越界异常 ");
}
```

4）编写程序，随机生成 100 个整数，以随机文件保存。

5）编写程序，将上题文件中的后 50 个整数反序后替换前 50 个数。

6）编写程序，在窗口中显示电话拨号键盘，效果如图 7-23 所示。

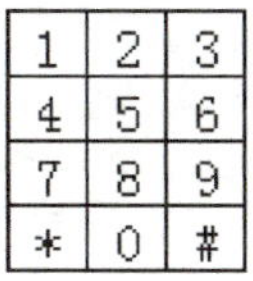

图 7-23　电话拨号键盘

7）在本项目的基础上，继续完善文本编辑器的功能，如增加"新建"菜单、退出时询问是否保存。

8）修改本项目任务 5 中的画图程序，用鼠标左键拖动画蓝色点，用鼠标右键拖动画红色点。

项目 8 聊天程序

项目概述

设计简单的网络聊天程序,可以实现用户注册、登录功能,可以查看在线用户名单、收发文本信息。

项目分析

程序中的数据(比如,所有已注册的用户信息)一般保存在数据库中,首先在数据库系统中创建一个数据库和存放用户信息的数据表。然后分析基于用户类的业务操作,设计以数据库访问为基础的用户业务功能,并完成用户注册、登录等功能的实现。

分析聊天程序中需要在网络中传送的信息,约定各种不同类型信息的格式和语义,通过 TCP 或 UDP 方式发送或接收信息,并对接收到的信息进行相关的处理。使用多线程技术实现网络信息的接收。

知识与能力目标

- 基于接口的业务处理规范。
- 数据库编程。
- 多线程编程。
- 基于 UDP/TCP 的网络通信。
- 基于 JSON 格式的数据传送。

任务1　用户信息在数据库中的读写

知识准备

Java 数据库连接（Java Database Connectivity，JDBC）是 Java 程序访问关系型数据库的接口和类的集合，允许程序中使用 SQL（Structured Query Language，结构化查询语言）语句对数据库进行操纵和查询。

注意： 本项目使用 MySQL 数据库管理系统。要求具有数据库和 SQL 的基础知识，读者可参阅相关书籍。

纯 Java 本地协议是 4 种 JDBC 驱动程序之一，具有较高的效率和安全性能，对于各种不同的数据库系统，需要从网络下载对应的 jar 文件。访问 MySQL 的 jar 文件，如 mysql-connector-java-5.1.7-bin.jar。

Java 项目连接并访问数据库的基本步骤为：
1）引入 JDBC 驱动程序。
2）注册驱动程序类。
3）建立与数据库的连接。
4）创建 Statement 或 PreparedStatement 对象。
5）执行 SQL 语句：
①如果执行的是数制操纵语句，如 UPDATE、DELETE，则返回被影响的行数（记录数）。
②如果执行的是查询语句 SELECT，则返回一个结果集。
6）从结果集读取数据。
7）关闭与数据库的连接。

（1）引入 JDBC 驱动程序

在 Eclipse 中，用鼠标右键单击需要使用 JDBC 的项目，在弹出的快捷菜单中选择 Build Path/Add External Archives，在出现的对话框中选择驱动程序文件，如图 8-1 所示。

图 8-1　选择 JDBC 驱动程序

引入后，项目在 Package Explorer 视图中显示，如图 8-2 所示。

(2) 注册驱动程序类

注册驱动程序类的语句为：

Class.forName("com.mysql.jdbc.Driver");

语句中调用 Class 类的静态方法 forName(String)；方法要求以字符串的形式给出驱动程序类的名字（含包的名字）。展开之前引入的 jar 文件即可查到类的包名，如图 8-3 所示。

图 8-2　引入驱动程序后的项目　　　　图 8-3　驱动程序类所属的包

(3) 建立与数据库的连接

代码如下：

```
String dbURL = "jdbc:mysql://127.0.0.1:3306/MYDATA";
String dbUsername = "root";
String dbPassword = "123456";
Connection conn = DriverManager.getConnection(dbURL, dbUsername, dbPassword);
```

调用 DriverManager 类的静态方法 getConnection(url, user, password) 可以使用指定的账号建立与指定数据库的连接，该方法的返回值为 java.sql.Connection 类的对象。

getConnection 方法参数使用统一资源定位器格式的字符串指定数据库，包含协议（jdbc:mysql://）、服务器 IP 或主机名（如 127.0.0.1 或 localhost）、数据库系统的端口号（MySQL 默认端口号 3306）、数据库名（如 MYDATA）。

方法还要求同时使用字符串给出具有该数据库访问权限的用户名和密码。

(4) 创建 Statement，进行 CRUD 操作

对于数据库中数据的基本操作，有 Create（增加数据）、Retrieve（查询）、Update（更新）和 Delete（删除），也称为 CRUD。

1) 创建 Statement 对象，语句如下：

```
Statement statement = conn.createStatement();
```

基于 Statement 对象执行各种 SQL 语句，以进行 CRUD 操作。常用的 SQL 语句有数据查询（SELECT）和数据操纵（INSERT、UPDATE、DELETE）等，前者调用 Statement 的 executeQuery() 方法执行，后者调用 executeUpdate 方法执行。

2) 插入一行用户信息，语句如下：

```
String sql = "INSERT INTO USERS(NAME,PASSWORD) VALUES('admin','123')";
statement.executeUpdate(sql);
```

3) 查询全部用户信息，语句如下：

```
sql="SELECT * FROM USERS";
ResultSet rs = statement.executeQuery(sql);
while(rs.next()) {
    System.out.println("id:" + rs.getInt("ID") + " name:" + rs.getString("NAME") +" password:" +
rs.getString("PASSWORD") + " checked:"+ rs.getInt("CHECKED"));
}
```

executeQuery() 方法返回一个 ResultSet 对象，表示查询得到的结果集，其中含有若干行、若干列（具体数量取决于 SELECT 语句和数据库实际情况），结果集中带有一个"指针"，指针指向哪一行，就可以读取哪一行的数据。如果结果集含有多行数据，则第一行到最后一行都称为有效行，有效行是允许读取数据的，而第一有效行之前、最后有效行之后，都不允许读取数据。

查询得到的新的结果集，它的指针指向第一行的前边（非有效行），用于改变指针位置的常用方法见表 8-1。

表 8-1 ResultSet 接口改变指针位置的常用方法

方 法	说 明
absolute(int)	将指针移到指定行。注意行号与 id 字段的值不必然相等
beforeFirst()	将指针移到第一行之前（非有效行）
first()	将指针移到第一行。如果新的位置指向有效行，则返回 true；否则返回 false
next()	指针移到后一行。如果新的位置指向有效行，则返回 true；否则返回 false
previous()	指针移到前一行。如果新的位置指向有效行，则返回 true；否则返回 false
afterLast()	将指针移到最后一行之后（非有效行）

当指针指向有效行时，可以调用结果集的 getXXX(String) 方法读取某一列的值（其实就是读取某行与某列交叉处的那个值），方法名中的 XXX 表示所要读取的数据类型，方法参数以字符串表示列名（字段名）。读取数据的常用方法见表 8-2。

表 8-2 ResultSet 接口读取数据的常用方法

方 法	说 明
getInt(String)	根据参数给定的列名，以 int 类型读取当前行中指定列的值
getDouble(String)	根据参数给定的列名，以 double 类型读取当前行中指定列的值
getLong(String)	根据参数给定的列名，以 long 类型读取当前行中指定列的值
getString(String)	根据参数给定的列名，以 String 类型读取当前行中指定列的值
getDate(String)	根据参数给定的列名，以 java.sql.Date 类型读取当前行中指定列的值。注意：java.sql.Date 是 java.util.Date 的子类

另外，以上读取数据的方法也可以使用整数作为参数来指定所要读取的列的编号，列的编号是从 1 开始的连续整数。

任务实施

程序的用户一般应具有注册、注册审核、登录和修改密码等功能，用户的信息至少应包含用户名、密码、账号状态等内容。用户的信息一般应与程序中的其他数据一起保存在数据库中。

在 MySQL 中创建数据库 mydata，并创建表 users，结构如图 8-4 所示。

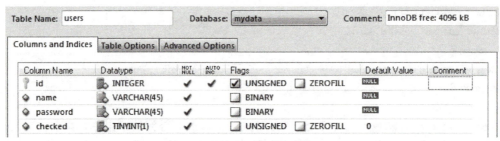

图 8-4　USERS 表结构

其中，字段 id 为表的主键，它是整数值且自动增长，即添加一条记录时，不需要考虑 id 的值；name 和 password 都是长度不超过 45 个字符的文本，分别表示用户名和密码；checked 为整型，约定：0 表示账号不审核（无效），1 表示审核通过。

（1）修改所有用户的密码

代码如下：

```
sql="UPDATE USERS SET PASSWORD='abc' ";
statement.executeUpdate(sql);
```

程序将所有用户的密码都修改为"abc"。

（2）删除用户

代码如下：

```
sql="DELETE FROM USERS WHERE CHECKED=0";
statement.executeUpdate(sql);
```

程序删除所有审核未通过的用户。

（3）关闭与数据库的连接

代码如下：

```
rs.close();
statement.close();
conn.close();
```

因为 rs 依赖于 statement，statement 依赖于 conn，所以应该按 rs、statement、conn 的顺序依次关闭。

java.sql.PreparedStatement 接口支持带有占位符的 SQL 语句，占位符 (?) 代表一个值。

Connection 对象的 prepareStatement(sql) 可以根据指定的 SQL 语句创建一个 PreparedStatement 对象，但在调用 executeUpdate() 或 executeQuery() 方法执行前，应该设置各个占位符的值。例如添加一个用户，代码如下：

```
//SQL 语句中使用？代表两个值
String sql = "INSERT INTO USERS(NAME,PASSWORD) VALUES(?, ?)";
// 创建 PreparedStatement 对象
PreparedStatement pst = conn.prepareStatement(sql);
// 设置两个占位符的值：setXXX(n, v)，XXX 对应着所设置值的类型，n 表示占位符编号（从 1 开始），v 表示设置的值
pst.setString(1, "admin");
pst.setString(2, "123");
// 执行 PreparedStatement 对象中的 SQL 语句
pst.executeUpdate();
```

任务 2　用户业务规范

1．业务

业务（Service）可以看作可以施加于类上的操作功能，比如，User 类的业务至少应包括注册（registe）、是否存在（isExist）、审核（check）、取消审核（uncheck）、登录（login）、修改（edit）、单个加载（load）、全部加载（loadAll）等。

2．接口

接口是面向对象的一个重要的概念，也是 Java 实现数据抽象的重要途径。接口是比类更加抽象的概念，一个类是一系列实体的集合，描述了实体的状态，还描述了实体可能发出的动作。接口是一系列类的集合，接口也定义了实体可能发出的动作，但是只是定义了这些动作的原型，没有实现，也没有任何状态信息。

接口有点像一个规范、一个协议，定义的是多个类共同的公共行为规范，是一个抽象的概念；而类是实现了这个协议、满足了这个规范的具体实体，是一个具体的概念。

一个类可以实现多个接口，所以接口是 Java 语言中实现多继承的途径。如果一个类实现（implements）了某个接口，则必须在类中重写接口中的所有方法。

（1）接口的定义

接口使用 interface 关键字来定义，接口中可以含有常量属性和抽象方法，所有的属性都是默认使用 public static final 修饰的，所有的方法都是默认使用 public abstract 修饰的。

接口之间也可以像类那样继承，继承时同样使用 extends 关键字。

接口定义的基本格式如下：

```
[ 修饰符 ] interface 接口名 [extends 父接口 1，父接口 2，…]
{
    常量定义
    抽象方法定义
}
```

以下代码定义了一个 Output 接口。

```
public interface Output
{
    // 接口里定义的属性只能是常量
    int MAX_CACHE_LINE = 50;
    // 接口里定义的方法只能是抽象方法
    void out();
    void getData(String msg);
}
```

注意：与类一样，接口的文件名必须与接口名相同。

（2）接口的实现

一个类可以实现一个或多个接口，使用 implements 关键字可以实现接口。接口的实现格式如下：

[修饰符] class 类名 **implements** < 接口 1>，< 接口 2>，…
{
    类体部分
}

实现接口与继承父类相似，一样可以获得所实现接口中定义的常量和方法。

当需要实现多个接口时，多个接口之间以英文逗号隔开。一个类可以继承一个父类，并同时实现多个接口，implements 部分必须放在 extends 部分之后。

当一个类实现一个或多个接口时，这个类必须实现这些接口里所定义的全部抽象方法（即重写这些方法）。

以下代码定义了一个 MyOutput 类实现了 Output 接口。

```
public class MyOutput implements Output
{
    // 重写接口 Output 中的两个方法，注意不要遗漏了方法前边的 public 修饰符
    public void out(){}
    public void getData(String msg){System.out.println(msg);}
}
```

任务实施

1. 设计用户类

程序中处理的对象类一般都视为简单 Java 对象（Plain Ordinary Java Object，POJO），也可称为类（Bean）。这样的类的特点是：只封装属性和对应的 getter、setter 方法，另外包含一个无参数的构造方法，它不提供任何有关业务操作（如注册、登录等）。用户类 User 定义如下：

```
package bean;
/**
 * 用户类 User
 */
public class User {
    private Integer id;
    private String name;
    private String password;
    private int checked;

    public Integer getId() {
        return id;
    }
```

```java
    public void setId(Integer id) {
        this.id = id;
    }
    public String getName() {
        return name;
    }
    public void setName(String name) {
        this.name = name;
    }
    public String getPassword() {
        return password;
    }
    public void setPassword(String password) {
        this.password = password;
    }
    public int getChecked() {
        return checked;
    }
    public void setChecked(int checked) {
        this.checked = checked;
    }
}
```

注意：类中 id 属性定义为 Integer 类型而不是 int 类型，其意义是，Integer 类型的默认值是 null 而非 0，因而通过其值是否为 null 可以判断一个 User 对象是否已经在数据库中保存。

2. 设计通用的数据库连接工具类

所有对数据库的操作，都需要首先获得与数据库的连接，且所有操作（包括关闭操作）都需要处理已检查异常。因此，可以设计一个通用的工具类 DBUtil 类，其中提供静态的 getConnection、closeResultSet、closeStatement 和 closeConnection 等方法。

```java
package util;

import java.sql.Connection;
import java.sql.DriverManager;
import java.sql.ResultSet;
import java.sql.Statement;
/**
 * 数据库连接工具类
 */
public class DBUtil {
    /**
     * 根据指定的 IP 地址、端口号、数据库名、用户名和密码，创建与数据库的连接
     * @param ip 数据库服务器的 IP 地址
     * @param port 数据库服务器的端口号
     * @param db 数据库名
```

```java
 * @param uName 数据库服务器用户名
 * @param uPassword 数据库服务器密码
 * @param 与数据库的连接：java.sql.Connection
 */
public static Connection getConnection(String ip, int port, String db, String uName, String uPassword) {
    Connection conn=null;
    try {
        String dbURL="jdbc:mysql://"+ip+":"+port+"/"+db;
        Class.forName("com.mysql.jdbc.Driver");
        conn=DriverManager.getConnection(dbURL, uName, uPassword);
    }catch(Exception e) {
    }finally {
        return conn;
    }
}
/**
 * 关闭结果集
 * @param rs 欲关闭的结果集
 */
public static void closeResultSet(ResultSet rs) {
    try {
        if(rs != null)    rs.close();
    }catch(Exception e) {
    }
}
/**
 * 关闭 Statement 对象
 * @param st 欲关闭的对象，也可以是 PreparedStatement 对象
 */
public static void closeStatement(Statement st) {
    try {
        if(st != null)    st.close();
    }catch(Exception e) {
    }
}
/**
 * 关闭连接
 * @param conn 欲关闭的连接
 */
public static void closeConnection(Connection conn) {
    try {
        if(conn != null)    conn.close();
    }catch(Exception e) {
    }
}
}
```

3. 设计用户的 DAO 类

程序所处理的数据一般放置在内存中，数据处于瞬时状态，程序运行停止或机器断电后会丢失。如果将数据保存到文件、数据库中，则处于持久状态，可长久保存。数据持久化就是数据在瞬时状态和持久状态之间的转换操作，即 CRUD。

DAO（Data Access Object）可简单地看作负责对象持久化的类（或接口）。UserDAO 依赖于 DBUtil 工具，负责 User 对象的 CRUD 操作，并且负责将从数据库中得到的数据封装成 User 对象，类中定义 insert、loadAll、update 和 delete 等方法实现 CRUD 操作。

```java
public class UserDAO {
    /**
     * 将 User 对象作为新的一行插入数据库
     * @param user
     */
    public void insert(User user) {
        try {
            Connection conn = DBUtil.getConnection("127.0.0.1", 3306, "MYDATA", "root", "123456");
            String sql="INSERT INTO USERS(NAME,PASSWORD) VALUES(?,?)";
            PreparedStatement pst = conn.prepareStatement(sql);
            pst.setString(1, user.getName());
            pst.setString(2, user.getPassword());
            pst.executeUpdate();
            DBUtil.closeStatement(pst);
            DBUtil.closeConnection(conn);
        }catch(Exception e) {}
    }
    /**
     * 读取数据库的 USERS 表中所有用户对象
     * @return 所有 User 对象的列表
     */
    public List<User> loadAll(){
        // 用于存放所有用户的列表
        List<User> users = new ArrayList<>();
        try {
            Connection conn = DBUtil.getConnection("127.0.0.1", 3306, "MYDATA", "root", "123456");
            String sql="SELECT * FROM USERS";
            Statement st = conn.createStatement();
            ResultSet rs=st.executeQuery(sql);
            while(rs.next()) {
                // 创建一个用户对象，并设置从数据库得到的属性
                User user = new User();
                user.setId(rs.getInt("id"));
                user.setName(rs.getString("name"));
                user.setPassword(rs.getString("password"));
```

```java
                    user.setChecked(rs.getInt("checked"));
                    users.add(user);// 添加到列表中
                }
                DBUtil.closeResultSet(rs);
                DBUtil.closeStatement(st);
                DBUtil.closeConnection(conn);
        }catch(Exception e) {}
        return users;
    }
    /**
     * 修改一个用户的数据，注意：user.id 是指定修改对象的唯一标识
     * @param user
     */
    public void update(User user) {
        try {
                Connection conn = DBUtil.getConnection("127.0.0.1", 3306, "MYDATA", "root", "123456");
                String sql="UPDATE USERS SET NAME=?,PASSWORD=?,CHECKED=? WHERE ID=?";
                PreparedStatement pst=conn.prepareStatement(sql);
                pst.setString(1, user.getName());
                pst.setString(2, user.getPassword());
                pst.setInt(3, user.getChecked());
                pst.setInt(4, user.getId());
                pst.executeUpdate();
                DBUtil.closeStatement(pst);
                DBUtil.closeConnection(conn);
        }catch(Exception e) {}
    }
    /**
     * 删除一个用户，注意 :user.id 是指定删除对象的唯一标识
     * @param user
     */
    public void delete(User user) {
        try {
                Connection conn = DBUtil.getConnection("127.0.0.1", 3306, "MYDATA", "root", "123456");
                String sql="DELETE FROM USERS WHERE ID=?";
                PreparedStatement pst=conn.prepareStatement(sql);
                pst.setInt(1, user.getId());
                pst.executeUpdate();
                DBUtil.closeStatement(pst);
                DBUtil.closeConnection(conn);
        }catch(Exception e) {}
    }
}
```

4. 设计用户的业务接口

User 类的业务至少应包括：注册（registe）、是否存在（isExist）、审核（check）、取消审核（uncheck）、登录（login）、修改（edit）、单个加载（load）、全部加载（loadAll）等。

接口可以用于定义一套规范。UserService 接口定义如下：

```java
package service;
import java.util.List;
import bean.User;
/**
 * User 业务接口
 */
public interface UserService {
    /**
     * 注册
     * @param user
     */
    public void registe(User user);
    /**
     * 根据 user.name 判断用户是否存在
     * @param user
     * @return
     */
    public boolean isExist(User user);
    /**
     * 审核通过
     * @param user
     */
    public void check(User user);
    /**
     * 取消审核
     * @param user
     */
    public void uncheck(User user);
    /**
     * 登录：判断用户名与密码
     * @param user
     * @return 存在正确的用户名和密码，则返回用户对象，否则返回 null
     */
    public User login(User user);
    /**
     * 保存对用户信息的修改
     * @param user
     */
```

```java
    public void edit(User user);
    /**
     * 获取指定 id 的一个用户对象
     * @param id
     * @return 如果指定的 id 不存在，则返回 null
     */
    public User load(int id);
    /**
     * 读取所有用户对象
     * @return
     */
    public List<User> loadAll();
}
```

5．定义业务的实现类

业务接口中所有的功能都是基于 UserDAO 类实现的。

```java
package service.impl;

import java.util.List;
import bean.User;
import dao.UserDAO;
import service.UserService;
public class UserServiceImpl implements UserService {
    public void registe(User user) {
        new UserDAO().insert(user);
    }

    public boolean isExist(User user) {
        for(User u : loadAll()) {
            //用户名不区分大小写
            if(u.getName().equalsIgnoreCase(user.getName())) {
                return true;
            }
        }
        return false;
    }

    public void check(User user) {
        user.setChecked(1);
        new UserDAO().update(user);
    }

    public void uncheck(User user) {
```

```java
        user.setChecked(0);
        new UserDAO().update(user);
    }

    public User login(User user) {
        for(User u : loadAll()) {
            if(u.getName().equalsIgnoreCase(user.getName()) &&
                    u.getPassword().equals(user.getPassword())) {
                return u;
            }
        }
        return null;
    }

    public void edit(User user) {
        new UserDAO().update(user);
    }

    public User load(int id) {
        for(User u : loadAll()) {
            if(u.getId().intValue() == id) {
                return u;
            }
        }
        return null;
    }

    public List<User> loadAll() {
        return new UserDAO().loadAll();
    }
}
```

任务 3 多线程编程

知识准备

线程与多线程编程

线程（Thread）是一个相对独立、可调度的单元，每个程序在运行时都至少有一个线程,那就是程序本身。JVM 运行一个程序时,会自动创建、启动一个线程,在该线程中调用 main 方法,这个线程称为主线程。可以在主线程中创建并启动其他线程。

Java 语言支持多线程。多线程是指一个程序中同时执行多个线程,以同时完成不同的工作。多个线程可以并发执行,同时在多个 CPU 或 CPU 的多核上执行,充分利用计算机系统的资源,提升程序运行效率。例如,使用多个线程同时下载一个文件的不同部分,然后组装成完整的文件。

线程执行的前提条件是得到 CPU,而操作系统一般按时间片段在多个线程中分配 CPU,即每个线程都会轮流(具体取决于调度策略)得到一个较短时间的 CPU 使用权,得到 CPU 即可运行。因此,在微观世界中,线程的执行是断断续续的。

线程一般有就绪、运行和阻塞 3 种状态。就绪状态是指线程已经具备了除 CPU 以外的全部条件,等待分配 CPU 时间;运行状态是指线程得到了 CPU 使用权,正在执行;阻塞状态是指线程等待除 CPU 以外的资源或某个操作的完成(如输入输出)。

Java 语言中严格按面向对象编程思想将线程作为对象来处理。有两种常用方式来定义线程类,一是继承 java.lang.Thread 类;二是实现 java.lang.Runnable 接口。

(1)继承 Thread 类

如果一个类是 Thread 的子类,则它就是线程类。只需要重写(覆盖)该类从 Thread 中继承得到的 run 方法,在方法中给出线程的任务即可。

1)定义继承 Thread 的线程类。

```
class MyThread extends Thread{
    public void run() {
        // 线程的任务写在这个方法中
    }
}
```

2)创建线程类的对象。

```
MyThread t = new MyThread();
```

3)调用线程类对象的 start 方法,启动线程。

```
t.start();
```

(2)实现 Runnable 接口

1)定义实现 Runnable 接口的线程类。

```
class MyThread implements Runnable{
    public void run() {
        // 线程的任务写在这个方法中
    }
}
```

2)以线程类对象创建 Thread 的对象。

```
Thread t = new Thread(new MyThread());
```

3)调用 Thread 对象的 start 方法,启动线程。

```
t.start();
```

Thread 类的常用方法见表 8-3。

表 8-3 Thread 类的常用方法

方 法	说 明
Thread(Runnable)	以 Runnable 对象创建新的线程对象
run()	线程执行时运行的方法。不要直接调用此方法
start()	启动一个线程。相当于调用了 run 方法
setPriority(int)	设置线程的优先级。Java 语言中线程优先级由低到高分别使用 1～10 的整数表示，默认优先级为 5。一般情况下，线程优先级越高，就越有机会先运行
sleep(long)	让线程休眠指定数量的毫秒后再执行
suspend()	挂起线程。让线程暂停执行
resume()	重新开始被挂起的线程
stop()	停止线程

线程的状态转换如图 8-5 所示。

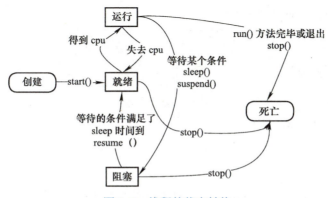

图 8-5 线程的状态转换

线程对象的 start() 方法只是让线程进行就绪状态，并不是直接运行；当执行完线程 run() 方法中的所有语句或从 run() 方法中退出或调用线程的 stop() 方法时，一个线程结束，进入死亡。

任务实施

本任务制作一个图形界面程序，显示系统的时间。

1. 界面设计

程序代码如下：

```java
import java.text.SimpleDateFormat;
import java.util.Date;
import javax.swing.JFrame;
import javax.swing.JLabel;
// 定义继承 JFrame 的子类 FrameShowTime，因此 FrameShowTime 也是一个窗口类
public class FrameShowTime extends JFrame {
    private JLabel lblTime;// 定义标签对象变量
    //init 方法用于窗口属性的设置、显示与组件添加
    public void init() {
```

```java
        this.setTitle(" 显示时间 ");// 窗口标题
        this.setSize(200, 160);// 窗口尺寸
        this.setVisible(true);// 显示窗口
        // 单击窗口右上角 " 关闭 " 按钮时，程序退出
        this.setDefaultCloseOperation(JFrame.EXIT_ON_CLOSE);
        this.setLayout(null);// 使用 null 布局管理

        lblTime = new JLabel();// 创建标签对象
        SimpleDateFormat df = new SimpleDateFormat("hh:mm:ss");
        Date now = new Date();
        // 设置标签上的文字
        lblTime.setText(df.format(now));
        this.add(lblTime);// 将标签对象添加到窗口中
        lblTime.setSize(100, 30);// 设置标签的尺寸
        lblTime.setLocation(30, 30);// 设置标签的位置
    }
    public JLabel getLblTime() {
        return lblTime;
    }
    public void setLblTime(JLabel lblTime) {
        this.lblTime = lblTime;
    }
}
```

程序定义了一个继承于 JFrame 的子类 FrameShowTime，它也具有窗口类的特性。FrameShowTime 中定义了一个 init() 方法，其功能是调用 JFrame 中定义的一些方法，设置窗口的相关属性、添加组件。

main 方法定义如下：

```java
public static void main(String[] args) {
    // 创建 FrameShowTime 的对象
    FrameShowTime fst = new FrameShowTime();
    // 调用 init 方法
    fst.init();
}
```

窗口如图 8-6 所示。

图 8-6　显示时间的程序窗口

2．实时更新时间显示

界面中的时间显示功能不能实时显示系统的当前时间。如果要求标签中的内容根据系统时间不断更新，一种做法是在显示完程序界面所有元素后，使用一个死循环，不断获得系统时间并显示。程序代码如下：

```java
public class FrameShowTime extends JFrame {
    private JLabel lblTime;// 定义标签对象变量
    //init 方法用于窗口属性的设置、显示与组件添加
    public void init() {
        //……
```

```
        // 以上为设置窗口属性、添加标签的代码
        SimpleDateFormat df = new SimpleDateFormat("hh:mm:ss");
        // 直接在 init 方法中使用死循环，不断更新时间的显示
        while(true) {
            Date now = new Date();
            // 设置标签上的文字
            lblTime.setText(df.format(now));
        }
    }
    public static void main(String[] args) {
        // 创建 FrameShowTime 的对象
        FrameShowTime fst = new FrameShowTime();
        // 调用 init 方法
        fst.init();
    }
}
```

程序运行时，能够观察到标签中的时间不断变化。由系统的 CPU 使用率从运行前的 20% 左右上升到运行时的 100% 的变化情况分析，程序运行时占用了大量 CPU 资源，如图 8-7 所示。

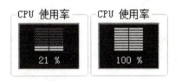

图 8-7　含有死循环的程序运行前后 CPU 使用率对比

程序中使用了死循环一刻不停地获取、显示系统时间，其实是对系统资源的极大浪费，因为每隔一秒执行一次更新操作即可满足要求。

（1）定义一个类 ShowTime

代码如下：

```
/**
 * 定义继承 Thread 的一个线程类
 */
class ShowTime extends Thread{
    // 一个标签属性，用于接收使用线程者传送来的标签对象，以设置其显示的内容
    private JLabel lblTime;
    /**
     * 重写 run 方法，定义线程需要执行的操作
     */
    public void run() {
        SimpleDateFormat df = new SimpleDateFormat("hh:mm:ss");
        while(true) {
            Date now = new Date();
            lblTime.setText(df.format(now));
```

```
                try {// 休眠 1000ms
                    sleep(1000);
                }catch(Exception e) {}
            }
        }

        public JLabel getLblTime() {
            return lblTime;
        }

        public void setLblTime(JLabel lblTime) {
            this.lblTime = lblTime;
        }
}
```

（2）修改显示时间的窗口

代码如下：

```
public class FrameShowTimeThread extends JFrame {
    private JLabel lblTime;
    public void init() {
        this.setTitle(" 使用 Thread 显示时间 ");
        this.setSize(200, 160);
        this.setVisible(true);
        this.setDefaultCloseOperation(JFrame.EXIT_ON_CLOSE);
        this.setLayout(null);

        lblTime = new JLabel();
        this.add(lblTime);
        lblTime.setSize(100, 30);
        lblTime.setLocation(30, 30);
        // 创建线程类的 ShowTime 对象 st
        ShowTime st=new ShowTime();
        // 将窗口中的标签设置给 st 中的 lblTime 属性
        st.setLblTime(lblTime);
        // 调用 start 方法启动线程
        st.start();
    }

    public static void main(String[] args) {
        FrameShowTimeThread fst = new FrameShowTimeThread();
        fst.init();
    }
}
```

程序运行时，时间能够实时更新，CPU 使用率在运行前与运行时几乎没有变化。

任务 4　点对点的信息收发

1．InetAddress 类

java.net.InetAddress 类表示 IP 地址，它没有构造方法，它的静态方法提供了在主机名与 IP 地址之间的解析转换，见表 8-4。

表 8-4　InetAddress 类的常用方法

方　法	说　明
getByName(str)	根据主机名参数得到对应的 IP 地址
getHostAddress()	返回字符串格式的 IP 地址
getHostName()	返回主机名
isReachable(timeout)	测试 IP 地址是否可以到达（相当于 Ping 工具）
getLocalHost()	获得本地主机的 IP 地址

获取本地主机的 IP 地址。代码如下：

try {
  InetAddress add = InetAddress.getLocalHost();
  System.**out**.println(" 主机名 :" + add.getHostName());
  System.**out**.println("IP 地址 :" + add.getHostAddress());
} **catch** (Exception e) {}

输出结果：
主机名：WIN-V4SF2AVF3JB
IP 地址：192.168.5.128

获取百度主机的 IP 地址。代码如下：

try {
  InetAddress add = InetAddress.getLocalHost();
  System.**out**.println(" 主机名 :" + add.getHostName());
  System.**out**.println("IP 地址 :" + add.getHostAddress());
} **catch** (Exception e) {}

输出结果：
主机名：www.baidu.com
IP 地址：180.97.33.108

2．URL 类

java.net.URL 代表一个统一资源定位器（即一般所指的网址）。URL 由协议、主机域名（IP 地址）、端口号、资源路径组成，其中 HTTP 下默认端口为 80。一个 URL 如图 8-8 所示。

　　http:// www.jstzrj.cn :80　/tfii/blank.jsp
　　协议　　主机　　　　端口号　　资源路径

图 8-8　URL 示例

URL 类的常用方法见表 8-5。

表 8-5 URL 类的常用方法

方法	说明
URL(str)	构造方法。根据给定的 url 字符串创建 URL 对象
openStream()	打开与 URL 的连接，并返回一个 InputStream 对象（用于读取网络上的数据）

程序代码如下：

```
try {
    URL url = new URL("http://www.baidu.com");
    DataInputStream in = new DataInputStream(url.openStream());
    byte[]bs = new byte[in.available()];
    in.read(bs);
    System.out.println(new String(bs));
} catch (Exception e) {e.printStackTrace();}
```

获得的网络信息为：

<!DOCTYPE html>
<!--STATUS OK--><html> <head><meta http-equiv=content-type content=text/html;charset=utf-8><meta http-equiv=X-UA-Compatible content=IE=Edge><meta content=always name=referrer><link rel=stylesheet type=text/css href=http://s1.bdstatic.com/r/www/cache/bdorz/baidu.min.css>… 此处省略 …</body> </html>

3．UDP 通信方式

网络通信方式有 UDP 和 TCP 两种，前者基于无连接，后者基于连接。UDP 方式可以看作生活中的书信传递，一封信包含收信方地址、信件内容、寄信方地址等，信件通过邮局寄出，也通过邮局收取。这种书信传递并不能确定什么时候能传送到对方，通信双方也不存在一条专门的通路。

进行网络通信时，除了主机的 IP 地址外，还需要端口（port）号。端口号是 0～65 535 范围内的整数，一台主机可能通常只有一个 IP 地址，但能够提供多个程序同时进行网络通信的功能，这就是由端口实现的，它相当于一个电话号码可以设置若干分机号。在一台主机中，一个端口号不允许同时被两个以上的程序使用。1024 以内的端口号大多已经被占用了，如 HTTP 使用的端口号为 80，FTP 使用的端口号为 21。为避免冲突，应用程序一般可以使用 50 000 以上的端口号。

java.net.DatagramPacket 类称为数据包，相当于一封信，其创建一封信件的构造方法为：
DatagramPacket(byte[] buf, int length, InetAddress address, int port)

其中，参数 buf 用于给定信件内容，length 给定内容长度，address 给定收信方的 IP 地址，port 表示收信方的端口号。

java.net.DatagramSocket 类是用于发送和接收数据包的套接字，相当于邮局，构造方法为：
DatagramSocket(int port)

创建一个绑定本机 IP 地址和指定端口号的套接字，它提供的 send(DatagramPacket) 方法用于发送数据包（发出数据包之前，套接字会自动把发送方的 IP 地址和端口号封装到包中），receive(DatagramPacket) 方法用于接收数据包。receive 方法会等待对方送来的数据包，在收到数据之前，程序停留在这条语句。

基于 UDP 方式的通信双方，身份对等，任何一方都可以发起通信。

（1）发送一条信息

```
// 对方的 IP 地址
InetAddress add = InetAddress.getByName("211.65.190.19");
// 创建套接字，绑定端口 50001。可用于发送或接收信息
DatagramSocket socket = new DatagramSocket(50001);
String mes;
byte[] bs;// 用于存放消息内容的字节数组
mes=" 消息内容 ";
bs= mes.getBytes();// 将字符串分解为字节数组
// 创建一个数据包
DatagramPacket dp = new DatagramPacket(bs, bs.length, add, 50000);
socket.send(dp);// 发出信息
```

（2）接收一条信息

```
DatagramSocket socket = new DatagramSocket(50001);
String mes;
// 用于接收消息内容的字节数组，预留 1024B 空间
byte[] bs = new byte[1024];
DatagramPacket dp = new DatagramPacket(bs, bs.length);
socket.receive(dp);// 接收信息，接收到的内容在 bs 数组中，长度为 dp.getLength()
// 将数组 bs 中收到的消息数据组装成字符串
mes = new String(bs, 0, dp.getLength());
```

注意：以上发送、接收信息的代码中都创建了绑定同一端口的套接字，同时运行会产生冲突。解决的办法是创建一个共用的套接字，既用于发送，又用于接收。

一般情况下，发送信息是由用户决定的，比如单击"发送"按钮时执行，所以只要针对某个事件编程即可。因为对方发来信息的时机是不可预知的，接收信息不由用户控制，编程时也无法预知何时应该接收，同样也无法预知应该接收消息的数量，所以一般在线程中使用死循环来实现接收的功能。

使用线程接收信息的代码如下：

```
class RecThread extends Thread{
    public void run() {
        DatagramSocket socket = new DatagramSocket(50001);
        String mes;
        // 用于接收消息内容的字节数组，预留 1024B 空间
        byte[] bs = new byte[1024];
        DatagramPacket dp = new DatagramPacket(bs, bs.length);
        while(true) {
            socket.receive(dp);// 接收信息，接收到的内容在 bs 数组中，长度为 dp.getLength()
            // 将数组 bs 中收到的消息数据组装成字符串
            mes = new String(bs, 0, dp.getLength());
            // 显示消息 …
        }
    }
}
```

4．TCP 通信方式

TCP 方式的通信，前提是建立连接，可以看作打电话的过程。拨打电话的一方是客户端（向服务器端发出连接请求），接听电话的一方是服务器端（接受客户端的连接请求），当电话接通后，双方即可自由地收发信息。

（1）服务器端

java.net.ServerSocket 类为服务器套接字，可以用于等待客户端的连接请求。类的构造方法为：

ServerSocket(int port)

创建一个绑定到指定端口的服务器套接字。方法 accept() 用于等待并接受客户端的连接请求（建立连接），返回一个 Socket 对象，在此对象的基础上可以进行通信。代码示例如下：

```
ServerSocket server = new ServerSocket(50000);
Socket socket = server.accept();
// 收发信息
```

（2）客户端

java.net.Socket 类实现客户端套接字，其构造方法为：

Socket(String host, int port)

创建套接字并连接到参数指定的主机和端口。代码示例如下：

```
Socket socket = new Socket("211.65.190.19", 50000);
// 收发信息
```

（3）发送信息

Socket 对象是 TCP 方式下两台主机间的通信端点，无论服务器还是客户端，都依赖于 Socket 对象进行数据的收发。Socket 对象的 getOutputStream() 方法返回字节输出流，发送信息的示例代码如下：

```
DataOutputStream out = new DataOutputStream(socket.getOutputStream());
String mes = " 欲发出的信息 ";
out.write(mes.getBytes());
```

（4）接收信息

Socket 对象的 getInputStream() 方法返回字节输入流，接收信息的示例代码如下：

```
DataInputStream in = new DataInputStream(socket.getInputStream());
byte[]bs = new byte[1024];// 用于接收信息的空间
int length = in.read(bs);
String mes = new String(bs, 0, length);// 组装成字符串
```

注意： 一般情况下，应该在线程中使用死循环接收信息。

5．消息框组件

在基于窗口的 GUI（Graphical User Interface，图形用户界面）程序中，已经不再适合使用 System.out 这样的标准输出流来向用户输出信息，一般常用对话框来进行简单的交互。

javax.swing.JOptionPane 可以显示消息框、确认框或输入框，常用静态方法见表 8-6。

表 8-6　JOptionPane 的常用静态方法

方　　法	说　　明
showMessageDialog(parentComponent, message)	显示消息框。参数中父级组件一般使用 null，message 指定消息内容
showMessageDialog(parentComponent, message, title, messageType)	显示消息框。title 指定消息框的标题，整型参数 messageType 指定消息类型：ERROR_MESSAGE、INFORMATION_MESSAGE、WARNING_MESSAGE、QUESTION_MESSAGE 或 PLAIN_MESSAGE
showConfirmDialog(parentComponent, message)	显示确认框，整型返回值代表所选择的按钮。默认显示是、否、取消三个按钮，返回值对应的常量有 YES_OPTION、NO_OPTION、CANCEL_OPTION、OK_OPTION 和 CLOSE_OPTION（未使用任何按钮而是直接关闭对话框）等
showConfirmDialog(parentComponent, message, title, optionType)	显示确认框。整型参数 optionType 可以指定按钮的种类：YES_NO_OPTION、YES_NO_CANCEL_OPTION 或 OK_CANCEL_OPTION
showInputDialog(parentComponent, message)	显示输入框，以字符串返回所输入的内容
showInputDialog(parentComponent, message, initValue)	显示输入框。initValue 参数指定默认的输入内容

任务实施

本任务完成基于 UDP 的数据收发功能。

在基于 UDP 的点到点的聊天程序中，定义一个窗口类 WinUDP，一个处理参数（IP 地址、端口号）设置事件的监听器类 SetListener，一个处理发送按钮事件的 SendListener，一个接收信息的线程类 ReceiverThread。

1．WinUDP 类

```
public class WinUDP extends JFrame {
    // 输入对方 IP 地址、端口号、自己端口号、欲发送的消息内容的文本框
    private JTextField txtIpOther, txtPortOther, txtPortMine, txtMessage;
    private JTextArea txtMessagesReceived;// 显示已接收到的消息
    private JButton btnSet, btnSend;// 设置按钮、发送按钮
    private DatagramSocket socket;// 一个共用的套接字
    private String ipOther;// 对方的 IP 字符串
    private int portOther;// 对方的端口号

    public void init() {
        setLayout(null);
        // 创建并添加标签、文本框、按钮
        …

        SetListener setListener = new SetListener();
        setListener.setWinUDP(this);
        btnSet.addActionListener(setListener);

        SendListener sendListener = new SendListener();
        sendListener.setWinUDP(this);
        btnSend.addActionListener(sendListener);
```

```java
        setSize(340, 400);
        setTitle(" 基于 UDP 的聊天程序 ");
        setVisible(true);
        setDefaultCloseOperation(EXIT_ON_CLOSE);
    }

    public static void main(String[] args) {
        new WinUDP().init();
    }
    // 属性的 getter 和 setter 方法
    …
}
```

2. SetListener 类

```java
public class SetListener implements ActionListener {
    private WinUDP winUDP;
    @Override
    public void actionPerformed(ActionEvent e) {
        // 如果还没创建套接字,即还没设置过参数
        if(winUDP.getSocket()==null) {
            String ipOther = winUDP.getTxtIpOther().getText();
            winUDP.setIpOther(ipOther);
            String portOther = winUDP.getTxtPortOther().getText();
            winUDP.setPortOther(Integer.parseInt(portOther));
            String portMine = winUDP.getTxtPortMine().getText();
            try {
                winUDP.setSocket(new DatagramSocket(Integer.parseInt(portMine)));
            } catch (Exception ex) {}
            // 创建了套接字,即可创建并启动接收信息的线程
            ReceiverThread receiverThread = new ReceiverThread();
            receiverThread.setWinUDP(winUDP);
            receiverThread.start();
            JOptionPane.showMessageDialog(null, " 通信参数设置完成, 套接字已启动接收信息 ");
        } else {
            JOptionPane.showMessageDialog(null, " 通信参数已设置 ");
        }
    }
    // 属性的 getter 和 setter 方法
    public WinUDP getWinUDP() {
        return winUDP;
    }
    public void setWinUDP(WinUDP winUDP) {
        this.winUDP = winUDP;
    }
}
```

类中使用 JOptionPane 类显示消息框实现用户交互，效果如图 8-9 所示。

图 8-9　消息框

3．SendListener 类

```
public class SendListener implements ActionListener {
    private WinUDP winUDP;
    @Override
    public void actionPerformed(ActionEvent e) {
        try{
            String mes = winUDP.getTxtMessage().getText();
            byte[] bs = mes.getBytes();
            InetAddress add = InetAddress.getByName(winUDP.getIpOther());
            DatagramPacket dp = new DatagramPacket(bs, bs.length, add, winUDP.getPortOther());
            winUDP.getSocket().send(dp);
        }catch(Exception ex) {}
    }
    // 属性的 getter 和 setter 方法
    public WinUDP getWinUDP() {
        return winUDP;
    }
    public void setWinUDP(WinUDP winUDP) {
        this.winUDP = winUDP;
    }
}
```

4．ReceiverThread 类

```
public class ReceiverThread extends Thread {
    private WinUDP winUDP;
    public void run() {
        byte[]bs = new byte[1024];
        DatagramPacket dp = new DatagramPacket(bs, bs.length);
        try {
            while(true) {
                winUDP.getSocket().receive(dp);
                String mes = new String(bs, 0, dp.getLength());
                // 信息内容送到窗口的文本区中显示
                winUDP.getTxtMessagesReceived().append("\n"+mes);
                // 将文本区的垂直滚动条一直置于最下方，因此可以直接看到最新收到的信息
                JScrollPane sp = (JScrollPane)winUDP.getTxtMessagesReceived().getParent().getParent();
```

```
        sp.getVerticalScrollBar().setValue(sp.getVerticalScrollBar().getMaximum());
        }
    } catch (IOException e) {}
}
// 属性的 getter 和 setter 方法
public WinUDP getWinUDP() {
    return winUDP;
}
public void setWinUDP(WinUDP winUDP) {
    this.winUDP = winUDP;
}
```

程序运行界面如图 8-10 所示。

图 8-10　基于 UDP 的聊天程序

任务 5　基于服务器的多人聊天功能设计

知识准备

1．JSON 格式

JSON（JavaScript Object Notation）是 JavaScript 对象表示法，是存储和交换文本数据的语法。JSON 基于两种结构，一种是"名称 / 值"对，与 Map 集合的元素类似；另一种是值

的有序列表，与数组类似。

JSON 对象是由 {} 给出的若干个名称 / 值对（key:value）构成，名称 / 值对之间使用逗号分隔，其中 key 以字符串表示，值可以是字符串、数值、true、false、null、JSON 对象或数组，JSON 数组是由 [] 给出的值的序列构成，如 ["tom","joe","mike"]。

JSON 对象如：

{"type":"login","name":"tom","password":"123"}

或含有数组的对象：

{"type":"secret","sender":"tom","receiver":["ljf","mike","joe"],"content":"你好！"}

在 JSON 中获取一个值时，需要指定它的 key。

2．Java 程序处理 JSON

JSON 对象一般以字符串格式在网络中传输，因而对 JSON 对象的处理一般有序列化和反序列化两种。序列化是指把 JSON 对象转换为 JSON 格式的字符串，而反序列化是把字符串解析成 JSON 对象。

一种简单的序列化方式就是采用字符串连接或替换等操作，封装出一个 JSON 格式的字符串，如：

String strJSON = "{type:'broadcast',sender:'to_put_sender',content:'to_put_content'}";
strJSON = strJSON.replaceAll(" ' ", "\" ");
strJSON= strJSON.replace("to_put_sender", GlobalClient.username);
strJSON= strJSON.replace("to_put_content", content);

注意：Java 程序中处理 JSON 对象时，允许省略名称（key）字符串两侧的双引号。值（value）如果为字符串，则必须使用双引号给出。

反序列化需要有支持 JSON 对象处理的第三方 jar 包，自行在网络中搜索 gson-2.7.jar（可以是其他版本号）文件，并加入到 Java 项目中。

反序列化的步骤为：

1）创建 JSON 解析器。

2）利用解析器将 JSON 字符串解析成 JSON 对象。

3）调用 JSON 对象的 get(key) 方法获得指定名称的元素，再调用元素的 getAsXXX() 获得元素的值。其中，XXX 是值的类型，如 getAsString() 获得字符串值，getAsArray() 获得 JsonArray 对象（数组）。

例如，以下代码解析 jsonStr 字符串，并从中获取名称为"type"的值。

JsonParser parser = **new** JsonParser();
JsonObject jsonObject = (JsonObject)parser.parse(jsonStr);
value = jsonObject.get("type").getAsString();

任务实施

1．多人聊天程序功能分析

多人聊天程序的功能主要有：

1）程序分为服务器端与客户端。

2）服务器端负责接收客户端送来的注册信息、登录信息、普通消息等，并对收到的信息进行相应的处理，然后向客户端发送反馈信息。

3）服务器端提供启动服务功能，并显示已注册用户（含离线/在线状态），参考界面如图 8-11 所示。

4）客户端可以指定服务器 IP 地址，连接到服务器后可以输入用户名、密码进行登录，参考界面如图 8-12 所示。

5）客户端可以输入注册信息，参考界面如图 8-13 所示。

6）所有聊天信息均由服务器转发。

7）客户端显示消息记录，列出所有在线用户名，提供选择用户并发送消息的功能（如果不选择任何用户，则表示发送给所有人），如图 8-14 所示。

图 8-11　服务器端程序　　图 8-12　客户端登录界面　　图 8-13　客户端注册界面

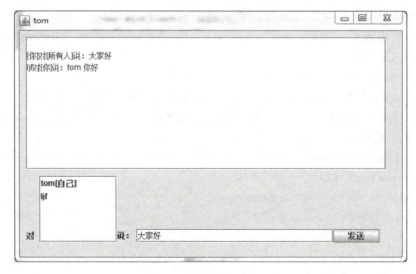

图 8-14　客户端聊天界面

2. 聊天信息约定

在进行用户登录、注册、消息发送等操作时，都需要在服务器与客户端之间传送信息。信息的种类与格式约定见表 8-7。

表 8-7 信息的种类与格式约定

种　类	传　送　方　向	基本要素与格式
login 登录	客户端→服务器	种类、用户名、密码 {type:"login",name:"tom",password:"123"}
loginResult 登录结果	客户端←服务器	种类、结果（success/fail）、备注 {type:"loginResult",result:"success",memo:" 登录成功 "} {type:"loginResult",result:"fail",memo:" 用户名或密码错误 "}
registe 注册	客户端→服务器	种类、用户名、密码 {type:"registe",name:"joe",password:"123"}
registeResult 注册结果	客户端←服务器	种类、结果（success/fail）、备注 {type:"registeResult",result:"success",memo:" 注册成功 "} {type:"loginResult",result:"fail",memo:" 用户名重复 "}
userList 在线名单	客户端←服务器 （群发）	种类、名单数组 {type:"userList",list:[{name:"tom"},{name:"mike"}]} 说明：当有用户登录成功，或有用户下线时，都应该群发此消息
broadcast 对所有人说话	客户端→服务器	种类、发送者、内容 {type:"broadcast",sender:"tom",content:" 大家好！"}
secret 对部分人说话	客户端→服务器	种类、发送者、接收者数组、内容 {type:"broadcast",sender:"tom",receiver:[{name:"ljf"},{name:"joe"}],content:" 你好！"}
message 经服务器转发的消息	客户端←服务器 （根据接收名单群发）	种类、备注 {type:"message",memo:"tom 对 [所有人] 说：大家好！"} {type:"message",memo:"tom 对你说：你好！"}

3．公用工具类设计

定义一个公用的 Util 类，提供从字符串的 JSON 对象中提取值与数组的方法、向 Socket 对象输出信息的方法。

```
public class Util {
    /**
     * 从字符串表示的 JSON 对象中提取指定关键字的值
     * @param json JSON 字符串
     * @param key 指定的关键字
     * @return 关键字对应的值
     * 如：json 为 "{type:"userList",list:[{name:"tom"},{name:"mike"}]}";
     * 则 getFromJSON(json, "type") 返回 "userList"
     */
    public static String getFromJSON(String json, String key) {
        String value = "";
        try {
            JsonParser parser = new JsonParser();
            JsonObject jsonObject = (JsonObject)parser.parse(json);
            value = jsonObject.get(key).getAsString();
        }catch(Exception ex) {}
        return value;
```

}
/**
 * 从字符串表示的 JSON 对象中提取指定关键字的数组
 * @param json JSON 字符串
 * @param arrayName 数组名
 * @param key 关键字
 * @return 数组
 * 如：json 为 "{type:"userList",list:[{name:"tom"},{name:"mike"}]}";
 * 则 getArrayFromJSON(json, "list", "name") 返回 {"tom","mike"} 数组
 */
```java
public static String[] getArrayFromJSON(String json, String arrayName, String key) {
    String[] array=null;
    try {
        JsonParser parser = new JsonParser();
        JsonObject jsonObject = (JsonObject)parser.parse(json);
        JsonArray arr = jsonObject.get(arrayName).getAsJsonArray();
        array = new String[arr.size()];
        for(int i=0; i<arr.size(); i++) {
            JsonObject e = arr.get(i).getAsJsonObject();
            array[i]= e.get(key).getAsString();
        }
    }catch(Exception ex) {}
    return array;
}
```
/**
 * 向 socket 对象发送信息
 * @param socket
 * @param mes
 */
```java
public static void sendToSocket(Socket socket, String mes) {
    try {
        PrintWriter out = new PrintWriter(socket.getOutputStream());
        out.println(mes);
        out.flush();
    }catch(Exception ex) {}
}
```
}

4．服务器端主要技术

（1）在线用户名单

服务器运行时，不仅需要在线用户的名字，还需要用户所对应的客户端 socket，因为只有通过 socket 才能向相应的用户发出信息。使用 Map 集合，以用户名和 socket 来存放在线用户名单：public static Map<String, Socket> usersOnline;。

用户登录成功时，应该将用户名和 socket 添加于 usersOnline 集合中。

（2）用户下线判断

在线程中通过循环，不断从某个用户的 socket 中读取信息，如果用户下线（客户端 socket 异常），则会捕获到一个 SocketException 异常。此时应该将 usersOnline 集合中用户名对应的元素删除。

（3）全局对象

定义一个专门的类，以公用、静态属性存放全局对象，以方便不同的类使用：

```java
public class GlobalServer {
    public static WinServer winServer;
    public static Map<String, Socket> usersOnline;
}
```

5．服务器端执行流程

1）单击"启动服务器"按钮，创建一个 ServerSocket 对象，使用 55555 端口。

```java
/**
 * "启动服务器"按钮的事件
 */
public class StartListener implements ActionListener {
    private WinServer winServer;
    public void actionPerformed(ActionEvent ae) {
        try {
            // 创建服务器的 ServerSocket 对象
            ServerSocket serverSocket = new ServerSocket(55555);
            winServer.setServerSocket(serverSocket);
            // 创建并启动等待客户端连接请求的线程
            ThreadServer threadServer = new ThreadServer();
            threadServer.setServerSocket(serverSocket);
            threadServer.start();
            // 按钮灰化，防止重复启动
            winServer.getBtnStart().setEnabled(false);
        } catch(Exception ex) {}
    }
}
```

2）创建并启动 ThreadServer 线程，线程中循环等待并接受客户端的连接请求。

```java
public class ThreadServer extends Thread {
    private ServerSocket serverSocket;
    public void run() {
        while(true) {
            try {
                // 等待并接受客户端连接
                Socket socket = serverSocket.accept();
                // 有一个客户端连接，就创建一个线程与之通信
                ThreadReceiveClientMessage t = new ThreadReceiveClientMessage();
                t.setSocket(socket);
                t.start();
```

```java
                }catch(Exception ex) {}
            }
        }
    }
```

3）每接受一个连接请求，就代表一个聊天客户端连接，也就需要有一个接收该客户端信息并进行处理的 ThreadReceiveClientMessage 线程对象。

```java
public class ThreadReceiveClientMessage extends Thread {
    private Socket socket;
    private String username;
    public void run() {
        try {
            // 获得客户端的输入字符流
            while(true) {
                // 读取一条信息
                // 获取信息的种类 type
                if("login".equalsIgnoreCase(type)) {// 客户端的登录信息
                    // 根据收到的用户名和密码，封装成一个 User 对象
                    // 调用 UserService 中的登录业务：login，验证用户名和密码
                    // 向客户端反馈登录结果
                    if(user==null) {
                        // 登录失败
                    }else {
                        // 登录成功
                        // 如果保存所有在线用户的用户名与 socket 的 Map 不存在，则创建它
                        // 将新登录者的用户名和 socket 添加到在线名单（Map）中
                        // 更新在线用户清单
                    }
                    // 向所有客户端群发 userList 信息（在线名单）
                }
                if("registe".equalsIgnoreCase(type)) {// 客户端的注册信息
                    // 根据用户名和密码封装成一个 User 对象
                    // 调用 UserService 中的 isExist 业务，判断用户名是否重复
                    if(service.isExist(user)) {
                        // 用户名重复，不能注册
                    }else {
                        // 调用注册业务：registe
                        // 更新已注册用户列表
                    }
                    // 向客户端反馈注册结果
                }
                if("broadcast".equalsIgnoreCase(type)) {// 客户端的广播信息（发给所有人的消息）
                    //创建一条向所有用户（除发送者外）的转发信息,如 {type:"message",memo:"tom对[所有人]说大家好！"}
                    // 对在线名单中的所有用户
```

```java
            for(String name : GlobalServer.usersOnline.keySet()) {
                // 不回送给发送者本人
                // 获得某个在线用户的 socket
                // 送出信息
            }
        }
        if("secret".equalsIgnoreCase(type)) {// 客户端发给指定用户的消息
            // 创建一条向指定用户群发的信息，如 {type:"message",memo:"tom 对你说：你好！"}
            // 获得所有的接收者
            // 向所有指定的接收者发送消息
        }
    } catch(SocketException ex) {// 出现 SocketException 异常，表示对应的用户下线了
        // 从在线名单（Map）中移除这个用户名和 socket
        // 群发新的 userList 信息
        // 更新显示服务器中的用户列表
    } catch(Exception ex) {ex.printStackTrace();}
}
/**
 * 向所有客户端群发在线用户名单（userList 信息）
 */
public void broadcastOnlineList() {
}
}
```

6. 客户端主要技术

（1）生成信息字符串

服务器与客户端之前传送的信息是 JSON 格式的字符串，形如：

{type:"broadcast",sender:"tom",content:" 大家好！"}

注意，每个值应该使用双引号给出。

可以采用如下的方式生成：

```java
String username = "tom";
String content = " 大家好 !";
// 使用单引号代表双引号，使用 to_put_sender 代表将要放置的用户名、to_put_content 代表内容
String strJSON="{type:'broadcast',sender:'to_put_sender',content:'to_put_content'}";
// 将单引号替换为双引号
strJSON = strJSON.replaceAll("'", "\"");
// 将 to_put_sender 替换为变量的内容
strJSON = strJSON.replaceAll("to_put_sender", username);
// 将 to_put_content 替换为变量的内容
strJSON = strJSON.replaceAll("to_put_content", content);
```

（2）全局对象

```java
public class GlobalClient {
    public static WinLogin winLogin;
```

```
    public static WinRegiste winRegiste;
    public static WinClient winClient;
    public static Socket socket;
    public static String username;
}
```

7．客户端执行流程

（1）运行登录窗口

在登录窗口中用户输入服务器的 IP 地址，单击"连接服务器"按钮，创建一个 Socket 对象连接到指定的 IP（服务器端口号约定为 55555），把这个对象赋值给 GlobalClient.socket，此后所有与服务器端的通信都通过它进行。

在登录窗口中单击"注册新用户"按钮，显示注册窗口；单击"登录"按钮，向服务器发送 login 信息。

（2）启动接收服务器信息的线程

线程负责接收服务器端发来的信息，解析信息的种类，作出对应的处理。接收到的信息可能是 loginResult（登录结果）、registeResult（注册结果）、userList（在线名单）或 message（消息）。如果登录失败，则显示消息框提示并留在登录窗口；如果登录成功，则打开聊天窗口并关闭登录窗口；如果注册失败，则显示消息框提示并留存注册窗口；如果注册成功，则显示消息框提示，关闭注册窗口，返回登录窗口；如果是在线名单，则更新聊天窗口中显示在线名单的 JList 组件；如果是消息，则将消息内容添加到显示消息记录的文本区中。

（3）注册

单击注册窗口中的"注册"按钮，在事件监听器中将用户名和密码封装成 registe 信息，由 GlobalClient.socket 送给服务器。

（4）登录

单击登录窗口中的"登录"按钮，在事件监听器中将用户名和密码封装成 login 信息，发送给服务器。

（5）发出聊天消息

单击聊天窗口中的"发送"按钮，在事件监听器中首先确定信息发送给哪些用户（从用户列表组件中获取所选用户名，如果没有选择任何项目，则代表发送给所有人），然后从文本框中取得消息内容，最后封装成 broadcast 信息或 secret 信息发送给服务器。

8．代码实现

基于以上技术分析，程序各部分参考代码如下：

（1）服务器窗口

```
public class WinSersver extends JFrame {
    private JList<String> lstUsers;// 窗口中显示的用户列表
    private ServerSocket serverSocket;
    private JButton btnStart;
    public void init() {
        GlobalServer.winServer = this;
        setSize(210, 300);
        setDefaultCloseOperation(EXIT_ON_CLOSE);
        setLayout(null);
```

```
        btnStart = new JButton(" 启动服务器 ");
        add(btnStart);
        btnStart.setBounds(60, 10, 100, 20);
        StartListener startListener = new StartListener();
        startListener.setWinServer(this);
        btnStart.addActionListener(startListener);

        JLabel lblList = new JLabel(" 已注册用户 :");
        add(lblList);
        lblList.setBounds(10, 30, 100, 20);
        lstUsers = new JList<>();
        JScrollPane sp = new JScrollPane(lstUsers);
        add(sp);
        showUsers();
        sp.setBounds(10, 50, 180, 200);
        setVisible(true);
    }
    /**
     * 更新显示服务器窗口中的用户列表
     */
    public void showUsers() {
        UserService userService = new UserServiceImpl();
        List<User> users = userService.loadAll();
        String[]userNames = new String[users.size()];
        for(int i=0; i<users.size(); i++) {
            String name = users.get(i).getName();
            String state="[ 离线 ] ";
            if(GlobalServer.usersOnline!=null && GlobalServer.usersOnline.get(name)!=null) {
                state="[ 在线 ] ";
            }
            userNames[i] = state + name;
        }
        lstUsers.setListData(userNames);
    }
}
```

（2）服务器端接收客户端信息的线程类 ThreadReceiveClientMessage

```
public class ThreadReceiveClientMessage extends Thread {
    private Socket socket;
    private String username;
    public void run() {
        try {
            // 获得客户端的输入字符流
            BufferedReader in = new BufferedReader(new InputStreamReader(socket.getInputStream()));
            while(true) {
```

```java
// 读取一条信息
String mes = in.readLine();
// 获取信息的种类
String type=Util.getFromJSON(mes, "type");
if("login".equalsIgnoreCase(type)) {// 客户端的登录信息
    // 根据收到的用户名和密码，封装成一个 User 对象
    User user = new User();
    user.setName(Util.getFromJSON(mes, "name"));
    user.setPassword(Util.getFromJSON(mes, "password"));
    // 调用 UserService 中的登录业务：login，验证用户名和密码
    user = new UserServiceImpl().login(user);
    // 向客户端反馈登录结果
    String strJSON = "{type:'loginResult',result:'to_put_result',memo:'to_put_memo'}";
    strJSON = strJSON.replaceAll("'", "\"");
    if(user==null) {
        // 登录失败
        strJSON= strJSON.replace("to_put_result", "fail");
        strJSON= strJSON.replace("to_put_memo", " 用户名或密码错误 ");
    }else {
        // 登录成功
        strJSON= strJSON.replace("to_put_result", "success");
        strJSON= strJSON.replace("to_put_memo", " 登录成功 ");
        username = user.getName();
        // 如果保存所有在线用户的用户名与 socket 的 Map 不存在，则创建它
        if(GlobalServer.usersOnline == null) {
            GlobalServer.usersOnline = new HashMap<>();
        }
        // 将新登录者的用户名和 socket 添加到在线名单（Map）中
        GlobalServer.usersOnline.put(user.getName(), socket);
        // 更新在线用户清单
        GlobalServer.winServer.showUsers();
    }
    Util.sendToSocket(socket, strJSON);
    // 向所有客户端群发 userList 信息 ( 在线名单 )
    broadcastOnlineList();
}
if("registe".equalsIgnoreCase(type)) {// 客户端的注册信息
    // 根据用户名和密码封装成一个 User 对象
    User user = new User();
    user.setName(Util.getFromJSON(mes, "name"));
    user.setPassword(Util.getFromJSON(mes, "password"));
    UserService service = new UserServiceImpl();
    String strJSON = "{type:'registeResult',result:'to_put_result',memo:'to_put_memo'}";
    strJSON = strJSON.replaceAll("'", "\"");
```

```java
            // 调用 UserService 中的 isExist 业务，判断用户名是否重复
            if(service.isExist(user)) {
                // 用户名重复，不能注册
                strJSON= strJSON.replace("to_put_result", "fail");
                strJSON= strJSON.replace("to_put_memo", " 用户名已存在 ");
            }else {
                // 调用注册业务：registe
                service.registe(user);
                strJSON= strJSON.replace("to_put_result", "success");
                strJSON= strJSON.replace("to_put_memo", " 注册成功 ");
                // 更新已注册用户列表
                GlobalServer.winServer.showUsers();
            }
            // 向客户端反馈注册结果
            Util.sendToSocket(socket, strJSON);
        }
        if("broadcast".equalsIgnoreCase(type)) {// 客户端的广播信息（发给所有人的消息）
            // 创建一条向所有用户（除发送者外）的转发信息，如 {type:"message",memo:"tom 对 [ 所有人 ] 说：大家好！ "}
            String strJSON = "{type:'message',memo:'to_put_memo'}";
            strJSON = strJSON.replaceAll("'", "\"");
            String memo = Util.getFromJSON(mes, "sender")+" 对 [ 所有人 ] 说 :"+Util.getFromJSON(mes, "content");
            strJSON = strJSON.replaceAll("to_put_memo", memo);
            // 对在线名单中的所有用户
            for(String name : GlobalServer.usersOnline.keySet()) {
                // 不回送给发送者本人
                if(name.equalsIgnoreCase(Util.getFromJSON(mes, "sender"))) continue;
                // 获得某个在线用户的 socket
                Socket s = GlobalServer.usersOnline.get(name);
                // 送出信息
                Util.sendToSocket(s, strJSON);
            }
        }
        if("secret".equalsIgnoreCase(type)) {// 客户端发给指定用户的消息
            // 创建一条向指定用户群发的信息，如 {type:"message",memo:"tom 对你说：你好！ "}
            String strJSON = "{type:'message',memo:'to_put_memo'}";
            strJSON = strJSON.replaceAll("'", "\"");
            String memo = Util.getFromJSON(mes, "sender")+" 对 [ 你 ] 说 :"+Util.getFromJSON(mes, "content");
            // 获得所有的接收者
            String[]receivers = Util.getArrayFromJSON(mes, "receiver", "name");
            strJSON = strJSON.replaceAll("to_put_memo", memo);
            // 向所有指定的接收者发送消息
            for(String name : receivers) {
```

```java
                    if(name.equalsIgnoreCase(Util.getFromJSON(mes, "sender"))) continue;
                    Socket s = GlobalServer.usersOnline.get(name);
                    Util.sendToSocket(s, strJSON);
                }
            }
        }catch(SocketException ex) {// 出现 SocketException 异常,表示对应的用户下线了
            // 从在线名单(Map)中移除这个用户名和 socket
            GlobalServer.usersOnline.remove(username);
            // 群发新的 userList 信息
            broadcastOnlineList();
            // 更新显示服务器中的用户列表
            GlobalServer.winServer.showUsers();
        }catch(Exception ex) {ex.printStackTrace();}
    }
    /**
     * 向所有客户端群发在线用户名单(userList 信息)
     */
    public void broadcastOnlineList() {
        String strJSON = "{type:'userlist',list:[to_put_list]}";
        String list = "";
        for(String name : GlobalServer.usersOnline.keySet()) {
            list = list + ",{name:'"+name+"'}";
        }
        if(list.length()>1) list = list.substring(1);
        strJSON= strJSON.replace("to_put_list", list);
        strJSON = strJSON.replaceAll("'", "\"");
        for(String name : GlobalServer.usersOnline.keySet()) {
            Socket s = GlobalServer.usersOnline.get(name);
            Util.sendToSocket(s, strJSON);
        }
    }
}
```

(3) 客户端接收服务器信息的线程类 ThreadReceiveServerMessage

```java
public class ThreadReceiveServerMessage extends Thread {
    public void run() {
        try {
            // 获取 GlobalClient.socket 的输入字节流
            BufferedReader in = new BufferedReader(new InputStreamReader(GlobalClient.socket.getInputStream()));
            while(true) {
                String mes = in.readLine();// 读取服务器发来的一条消息
                String type=Util.getFromJSON(mes, "type");// 解析得到信息的种类
                // 如果是登录结果
                if("loginResult".equalsIgnoreCase(type)) {
```

```java
                // 登录成功
                if("success".equalsIgnoreCase(Util.getFromJSON(mes, "result"))) {
                    new WinClient().init();// 打开聊天窗口
                    GlobalClient.winLogin.dispose();// 关闭登录窗口
                }else {// 登录失败
                    String tip = " 登录失败 :" + Util.getFromJSON(mes, "memo");
                    JOptionPane.showMessageDialog(null, tip);
                }
            }
            // 注册结果
            if("registeResult".equalsIgnoreCase(type)) {
                // 注册成功
                if("success".equalsIgnoreCase(Util.getFromJSON(mes, "result"))) {
                    JOptionPane.showMessageDialog(null, " 注册成功 ");
                    GlobalClient.winRegiste.dispose();
                }else {// 注册失败
                    String tip = " 注册失败 :" + Util.getFromJSON(mes, "memo");
                    JOptionPane.showMessageDialog(null, tip);
                }
            }
            // 在线名单
            if("userlist".equalsIgnoreCase(type)) {
                // 解析得到所有在线用户的名字数组
                String[] names = Util.getArrayFromJSON(mes, "list", "name");
                for(int i=0; i<names.length; i++) {
                    if(names[i].equalsIgnoreCase(GlobalClient.username)) {
                        // 标注出自己
                        names[i] = names[i] + "[ 自己 ]";
                    }
                }
                // 更新窗口中的在线名单列表组件项目内容
                GlobalClient.winClient.getLstUser().setListData(names);
            }
            // 服务器转发的聊天消息
            if("message".equalsIgnoreCase(type)) {
                String record = Util.getFromJSON(mes, "memo");
                GlobalClient.winClient.getTxtRecord().append("\n" + record);
            }
        }
    }catch(Exception ex) {}
}
}
```

（4）客户端按钮事件监听器类

```java
public class ButtonListener implements ActionListener {
    public void actionPerformed(ActionEvent ae) {
        JButton btn = (JButton)ae.getSource();
        // 事件源是登录窗口中的 " 连接服务器 " 按钮
        if(" 连接服务器 ".equalsIgnoreCase(btn.getText())){
            try {
                String ip = GlobalClient.winLogin.getTxtIP().getText();
                // 向服务器发出连接请求
                Socket socket = new Socket(ip, 55555);
                // 保存与服务器连接的 socket
                GlobalClient.socket=socket;
                JOptionPane.showMessageDialog(null, " 已连接到服务器 ");
                btn.setEnabled(false);
                // 启动接收服务器信息的线程
                new ThreadReceiveServerMessage().start();
            }catch(Exception ex) {}
        }
        // 事件源是登录窗口中的 " 登录 " 按钮
        if(" 登录 ".equalsIgnoreCase(btn.getText())){
            // 判断是否已经连接到服务器
            if(GlobalClient.socket==null || !GlobalClient.socket.isConnected()) {
                JOptionPane.showMessageDialog(null, " 请先连接到服务器 ");
                return;
            }
            String name = GlobalClient.winLogin.getTxtName().getText();
            String password = GlobalClient.winLogin.getTxtPassword().getText();
            GlobalClient.username = name;
            // 封装一条 login 信息
            String strJSON = "{type:'login',name:'to_put_name',password:'to_put_password'}";
            strJSON = strJSON.replaceAll("'", "\"");
            strJSON= strJSON.replace("to_put_name", name);
            strJSON= strJSON.replace("to_put_password", password);
            // 发送信息
            Util.sendToSocket(GlobalClient.socket, strJSON);
        }
        if(" 注册新用户 ".equalsIgnoreCase(btn.getText())){
            if(GlobalClient.socket==null || !GlobalClient.socket.isConnected()) {
                JOptionPane.showMessageDialog(null, " 请先连接到服务器 ");
                return;
            }
            WinRegiste winRegiste = new WinRegiste();
            winRegiste.init();
```

```java
	}
	if(" 注册 ".equalsIgnoreCase(btn.getText())){
		String name = GlobalClient.winRegiste.getTxtName().getText();
		String password = GlobalClient.winRegiste.getTxtPassword().getText();
		String password2 = GlobalClient.winRegiste.getTxtPassword2().getText();
		if(name.equals("")) {
			JOptionPane.showMessageDialog(null, " 请输入用户名 ");
			return;
		}
		if(password.equals("") || !password.equals(password2)) {
			JOptionPane.showMessageDialog(null, " 密码不能为空，且必须一致 ");
			return;
		}
		String strJSON = "{type:'registe',name:'to_put_name',password:'to_put_password'}";
		strJSON = strJSON.replaceAll("'", "\"");
		strJSON= strJSON.replace("to_put_name", name);
		strJSON= strJSON.replace("to_put_password", password);
		Util.sendToSocket(GlobalClient.socket, strJSON);
	}
	// 事件源是登录窗口中的 " 发送 " 按钮
	if(" 发送 ".equalsIgnoreCase(btn.getText())) {
		// 获取聊天消息内容
		String content = GlobalClient.winClient.getTxtContent().getText().trim();
		if(content.length() == 0 ) return;
		// 如果列表组件中没有选择任何用户, 则封装一条 broadcast 信息
		if(GlobalClient.winClient.getLstUser().isSelectionEmpty()) {
			String strJSON = "{type:'broadcast',sender:'to_put_sender',content:'to_put_content'}";
			strJSON = strJSON.replaceAll("'", "\"");
			strJSON= strJSON.replace("to_put_sender", GlobalClient.username);
			strJSON= strJSON.replace("to_put_content", content);
			Util.sendToSocket(GlobalClient.socket, strJSON);// 送出信息
			String record = "[ 你 ] 对 [ 所有人 ] 说 :"+content;// 在聊天记录文本区中显示
			GlobalClient.winClient.getTxtRecord().append("\n" + record);
			return;
		}
		String receivers = "";
		String names="";
		for(int index : GlobalClient.winClient.getLstUser().getSelectedIndices()) {
			// 组成一个形如 {name:'tom'},{name:'joe'} 的多个接收者名字数组
			String ns = GlobalClient.winClient.getLstUser().getModel().getElementAt(index);
			if(!ns.endsWith("[ 自己 ]")) {// 不需要发送给自己
				receivers = receivers + ",{name:'" + ns +"'}";
				names+= "," + ns;
			}
		}
```

```
            }
            receivers = receivers.substring(1);
            // 封装一条 secret 信息
            String strJSON = '{type:'secret',sender:'to_put_sender',receiver:[to_put_array],content:'to_put_content'}";
            strJSON = strJSON.replaceAll("'", "\"");
            strJSON= strJSON.replace("to_put_sender", GlobalClient.username);
            strJSON= strJSON.replace("to_put_array", receivers);
            strJSON= strJSON.replace("to_put_content", content);
            Util.sendToSocket(GlobalClient.socket, strJSON);

            String record = "[ 你 ] 对 ["+names+"] 说： "+content;
            GlobalClient.winClient.getTxtRecord().append("\n" + record);
        }
    }
}
```

项目总结

接口中只能包含常量属性和抽象方法，它一般用于规范设计。类可以通过 implements 关键字实现多个接口，需要在类中重写接口中的所有方法，明确方法的功能。

采用多线程技术可以让一个程序同时执行多种操作，定义线程类有继承 Thread 类、实现 Runnable 接口两种方法。

计算机网络通信的方式有 UDP 和 TCP 两种，分别基于无连接和有连接。网络通信中除了 IP 地址外，还需要明确所使用的端口号。

练习

1）定义一个接口 ShapeCalculator，用于规范几何形状的操作，要求几何形状必须提供计算面积、周长和打印形状信息的方法。然后定义三角形和矩形，实现该接口。

2）完成基于 TCP 的点对点聊天程序设计。

项目 9　综合实训

综合运用 Java 语言的基本知识和系统提供的类,设计简单计算器、抽奖程序等多个小程序。

 知识与能力目标

- 系统掌握 Java 语言的语法应用。
- 强化程序设计能力。

任务 1　设计简单的计算器

任务概述

编制简单的计算器，提供加减乘除四则运算功能。要求：
1）程序界面参照图 9-1。
2）通过按钮输入数字和运算符。
3）实现四则运算功能。

图 9-1　简单的计算器

任务分析

1．运算对象

四则运算的数（运算对象）有两个，为了方便处理，可以不区分整数或实数，全部按 double 类型处理。单击加减乘除 4 个按钮之一时，表示第一个数输入结束；单击"="按钮时，表示第二个数输入结束。

2．事件监听器

程序中一共使用 19 个按钮，可以定义一个类来监听所有按钮的 Action 事件。将事件源转换为按钮，根据其标题文本来判断单击了哪个按钮，代码如下：

```java
public void actionPerformed(ActionEvent ae) {
    JButton btn = (JButton)ae.getSource();
    if("+".equals(btn.getText())) {
        // 单击了加号按钮
    }
}
```

也可以在为每个按钮创建监听器对象时，传入不同的符号，以区别具体的按钮。

另外，监听器中还需要传入窗口对象，以保证事件处理时能够访问到窗口中的文本框和其他相关属性。

3. 按钮功能

(1) "C" 按钮

"C" 按钮的功能是将文本框中的内容清零。

(2) "←" 按钮

"←" 按钮是删掉文本框中数字的最后一位，即删除最后一个字符。如果文本框中的数字只有一位，且不是 0，则将其置 0；如果文本框中的数字已经是 0，则保持不变。

(3) "±" 按钮

"±" 按钮对文本框中的数字进行正负转换，如果文本框中的内容以负号（-）开头，则去掉负号，否则在内容的前面加上负号。

(4) "." 按钮

"." 按钮用于输入小数点，一个数字中只能出现一个小数点。如果文本框的内容中不存在 . 字符，则在末尾添加 . 字符；否则不作处理。

(5) 数字按钮

数字按钮共 10 个，用于输入数字，不能出现 00 或 05 等数字。如果文本框的内容是 0，则将内容清空，将对应数字连接到文本框内容的末尾。

(6) 运算符按钮

运算符按钮有加减乘除 4 个，用于结束第一个数的输入，并确定运算的种类。首先应调用 Double.parseDouble(str) 方法将文本框中的内容转换为数值，作为第一个运算对象，然后将文本框内容清零以准备输入第二个数，最后记录运算符。

(7) "=" 按钮

"=" 按钮用于结束第二个数的输入，并执行计算。首先应将文本框中的内容转换为数值，作为第二个运算对象，然后根据运算符进行某种四则运算，将得到的结果显示在文本框中。

4. 事件监听器设计

```java
public class ButtonListener implements ActionListener {
    private char buttonChar;// 用于区分 19 个按钮
    private WinCalculator win;// 用于接收窗口对象
    /**
     * 构造方法，用于设置 buttonChar 和 win 两个属性
     */
    public ButtonListener(char buttonChar, WinCalculator win) {
        super();
        this.buttonChar = buttonChar;
        this.win = win;
    }
    public void actionPerformed(ActionEvent ae) {
        String txt=win.getTxtResult().getText();
        // 数字按钮
        if("0123456789".indexOf(buttonChar)>=0) {
            if(txt.equals("0")) txt=" ";
            win.getTxtResult().setText(txt + buttonChar);
        }
```

```java
if('.' == buttonChar) {
    if(txt.indexOf(".")<0) {
        win.getTxtResult().setText(txt + ".");
    }
}
if('c' == buttonChar) {
    win.getTxtResult().setText("0");
}
if('←' == buttonChar) {
    txt = txt.substring(0, txt.length()-1);
    if(txt.equals("")) txt="0";
    win.getTxtResult().setText(txt);
}
if('±' == buttonChar) {
    if(txt.startsWith("-")) {
        txt = txt.substring(1);
        win.getTxtResult().setText(txt);
    }else {
        win.getTxtResult().setText("-" + txt);
    }
}
// 运算符按钮
if("+-×÷".indexOf(buttonChar)>=0) {
    double v = Double.parseDouble(txt);
    win.setNumber1(v);// 得到了第一个运算对象
    win.getTxtResult().setText("0");
    win.setOp(buttonChar);// 保存运算符
}
if('=' == buttonChar) {
    double v = Double.parseDouble(txt);
    win.setNumber2(v);// 得到了第二个运算对象
    double result = 0;
    // 根据运算符进行运算
    if('+' == win.getOp()) {
        result = win.getNumber1() + win.getNumber2();
    }
    if('-' == win.getOp()) {
        result = win.getNumber1() - win.getNumber2();
    }
    if('×' == win.getOp()) {
        result = win.getNumber1() * win.getNumber2();
    }
    if('÷' == win.getOp()) {
```

```
                    result = win.getNumber1() / win.getNumber2();
                }
                win.getTxtResult().setText(result + " ");
            }
        }
    }
}
```

5．界面与窗口类设计

```java
public class WinCalculator extends JFrame {
    // 上方的数字文本框
    private JTextField txtResult;
    // 运算的两个数据
    private double number1=0, number2=0;
    // 当前正在向文本中输入的内容
    private String curString="0";
    // 当前运算的运算符
    private char op='+';

    public void init() {
        setSize(190, 200);
        setVisible(true);
        setDefaultCloseOperation(DISPOSE_ON_CLOSE);

        setLayout(new GridBagLayout());// 设置为网袋布局
        // 创建一个约束对象
        GridBagConstraints c=new GridBagConstraints();

        txtResult = new JTextField("0");
        txtResult.setEditable(false);// 禁止编辑文本框内容
        txtResult.setHorizontalAlignment(JTextField.RIGHT);// 内容右对齐
        c.gridx=0; c.gridy=0; c.gridwidth=4; c.gridheight=1; c.fill=GridBagConstraints.BOTH;
        add(txtResult, c);
        JButton btn;
        // 依次创建各个按钮，使用不同的约束条件添加到窗口中
        btn=new JButton("C");
        c.gridx=0; c.gridy=1; c.gridwidth=1; c.gridheight=1; add(btn, c);
        // 创建事件监听对象，该监听器得到的 buttonChar 字符是 'c'
        btn.addActionListener(new ButtonListener('c', this));

        btn=new JButton(" ← ");
        c.gridx=1; c.gridy=1; c.gridwidth=1; c.gridheight=1; add(btn, c);
        btn.addActionListener(new ButtonListener(' ← ', this));

        btn=new JButton("÷");
```

c.gridx=2; c.gridy=1; c.gridwidth=1; c.gridheight=1; add(btn, c);
btn.addActionListener(**new** ButtonListener('÷', **this**));

btn=**new** JButton("×");
c.gridx=3; c.gridy=1; c.gridwidth=1; c.gridheight=1; add(btn, c);
btn.addActionListener(**new** ButtonListener('×', **this**));

btn=**new** JButton("7");
c.gridx=0; c.gridy=2; c.gridwidth=1; c.gridheight=1; add(btn, c);
btn.addActionListener(**new** ButtonListener('7', **this**));

btn=**new** JButton("8");
c.gridx=1; c.gridy=2; c.gridwidth=1; c.gridheight=1; add(btn, c);
btn.addActionListener(**new** ButtonListener('8', **this**));

btn=**new** JButton("9");
c.gridx=2; c.gridy=2; c.gridwidth=1; c.gridheight=1; add(btn, c);
btn.addActionListener(**new** ButtonListener('9', **this**));

btn=**new** JButton("-");
c.gridx=3; c.gridy=2; c.gridwidth=1; c.gridheight=1; add(btn, c);
btn.addActionListener(**new** ButtonListener('-', **this**));

btn=**new** JButton("4");
c.gridx=0; c.gridy=3; c.gridwidth=1; c.gridheight=1; add(btn, c);
btn.addActionListener(**new** ButtonListener('4', **this**));

btn=**new** JButton("5");
c.gridx=1; c.gridy=3; c.gridwidth=1; c.gridheight=1; add(btn, c);
btn.addActionListener(**new** ButtonListener('5', **this**));

btn=**new** JButton("6");
c.gridx=2; c.gridy=3; c.gridwidth=1; c.gridheight=1; add(btn, c);
btn.addActionListener(**new** ButtonListener('6', **this**));

btn=**new** JButton("+");
c.gridx=3; c.gridy=3; c.gridwidth=1; c.gridheight=1; add(btn, c);
btn.addActionListener(**new** ButtonListener('+', **this**));

btn=**new** JButton("1");
c.gridx=0; c.gridy=4; c.gridwidth=1; c.gridheight=1; add(btn, c);
btn.addActionListener(**new** ButtonListener('1', **this**));

```java
        btn=new JButton("2");
        c.gridx=1; c.gridy=4; c.gridwidth=1; c.gridheight=1; add(btn, c);
        btn.addActionListener(new ButtonListener('2', this));

        btn=new JButton("3");
        c.gridx=2; c.gridy=4; c.gridwidth=1; c.gridheight=1; add(btn, c);
        btn.addActionListener(new ButtonListener('3', this));

        btn=new JButton("=");
        c.gridx=3; c.gridy=4; c.gridwidth=1; c.gridheight=2; add(btn, c);
        btn.addActionListener(new ButtonListener('=', this));

        btn=new JButton("±");
        c.gridx=0; c.gridy=5; c.gridwidth=1; c.gridheight=1; add(btn, c);
        btn.addActionListener(new ButtonListener('±', this));

        btn=new JButton("0");
        c.gridx=1; c.gridy=5; c.gridwidth=1; c.gridheight=1; add(btn, c);
        btn.addActionListener(new ButtonListener('0', this));

        btn=new JButton(" . ");
        c.gridx=2; c.gridy=5; c.gridwidth=1; c.gridheight=1; add(btn, c);
        btn.addActionListener(new ButtonListener(' . ', this));
    }
    // 属性的 getter 和 setter 方法
    //...
}
```

任务 2　设计简单的抽奖程序

任务概述

编制一个抽奖程序，由用户按空格键确定一个中奖号。要求：
1）程序界面参考图 9-2。
2）选择"设置"命令，弹出另一个窗口，可以设置号码范围和中奖数量，如图 9-3 所示。
3）按空格键启动抽奖。
4）按空格键产生一个中奖号码，并暂停在这个号码上，再次按空格键继续抽奖，直到中奖数量达到设定值，如图 9-4 所示。

5）所有中奖号码在窗口下方显示。

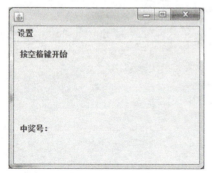

图 9-2　抽奖程序

图 9-3　抽奖设置

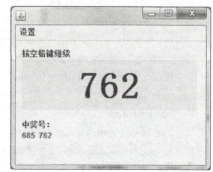

图 9-4　抽奖过程

任务分析

1．抽奖参数设置

抽奖参数包括号码起止范围、中奖数量、已中奖数量、已中奖号码等，其中起止范围和中奖数量需要提供用户设置功能。

2．随机显示号码

（1）随机生成起止范围内的整数

设号码范围为 [b, e]，则生成该范围内一个随机整数的表达式为：

b + new Random().nextInt(b-e+1);

（2）格式化显示

号码使用 int 类型，在显示时使用等宽格式，也就是说如果号码范围为 1 ～ 999，则显示时为 "001" ～ "999" 的格式，所有号码的长度都应该是 (e + "").length()。可以把随机生成的整数转换成字符串，然后在该字符串前面加上适当数量的 "0"：

String rnd = b + **new** Random().nextInt(e-b+1)+" ";
while(rnd.length()<(e+" ").length()) {
　　rnd = "0" + rnd;
}

（3）去掉重复号码

所有已中奖的号码以字符串的格式（号码之间使用空格或其他符号分隔）存放在已中奖号码变量中。

每次得到的随机号码，都应该回避掉已中奖号码，否则会出现重复中奖的情况。解决的办法是把每次得到的号码与已中奖号码字符串进行子串查找，如果存在这样的子串则说明重复，此号码不能使用。

3．待抽奖号码的显示

在线程中使用循环实现，每生成一个随机数，则以相应格式的字符串显示到窗口的标签中。

线程应该在第一次按空格键时启动,线程启动后,其 isAlive() 方法返回 true。

线程中的循环不停地执行,直到抽奖结束(已经得到规定数量的中奖号码)。

线程中的循环每次生成一个随机数,除非刚进行一个号码的抽奖且未按空格键继续,这种情况可以看作暂停状态(注意不是线程暂停)。

4. 抽奖窗口界面设计

```java
public class WinLottery extends JFrame {
    // 三个标签,分别为提示、当前号码、已中奖所有号码
    private JLabel lblTip, lblNumber, lblWinners;
    private int numBegin=1, numEnd=999;// 号码范围
    private int numWinner = 10, numGet = 0;// 中奖总数和已中奖数
    private String winners=" ";// 已中奖所有号码 字符串
    public void init() {
        setDefaultCloseOperation(EXIT_ON_CLOSE);
        setSize(320, 260);
        setLayout(null);
        // "设置"菜单
        JMenuBar bar = new JMenuBar();
        setJMenuBar(bar);
        JMenuItem mnuSet = new JMenuItem(" 设置 ");
        bar.add(mnuSet);
        MnuSetListener setListener = new MnuSetListener();
        setListener.setWinLottery(this);
        mnuSet.addActionListener(setListener);

        lblTip = new JLabel(" 按空格键开始 ");
        add(lblTip);
        lblTip.setBounds(10, 10, 300, 20);

        lblNumber = new JLabel("000");
        add(lblNumber);
        lblNumber.setBounds(10, 30, 280, 80);
        lblNumber.setFont(new Font(" 宋体 ", Font.BOLD, 60));
        lblNumber.setVisible(false);// 没有启动抽奖时,这个标准隐藏
        lblNumber.setBackground(Color.cyan);
        lblNumber.setOpaque(true);// 标签不透明时,背景颜色才有效
        lblNumber.setHorizontalAlignment(JLabel.CENTER);

        lblWinners = new JLabel(" 中奖号: ");
        add(lblWinners);
        lblWinners.setBounds(10, 90, 280, 100);

        setVisible(true);
        // 创建线程
```

```java
        ThreadChanging changing = new ThreadChanging();
        changing.setWinLottery(this);
        // 监听空格按键
        SpaceListener spaceListener = new SpaceListener();
        spaceListener.setChanging(changing);
        spaceListener.setWinLottery(this);
        addKeyListener(spaceListener);

    }
    // 属性的 getter 和 setter 方法
    //...
}
```

5．设置窗口

```java
public class WinSet extends JFrame {
    // 接收主窗口，以获得或设置其中的 numBegin 等属性
    private WinLottery winLottery;
    private JTextField txtNumberBegin, txtNumberEnd, txtNumWinner;
    public void init() {
        setLayout(null);
        setTitle(" 设置 ");
        setSize(200, 120);
        JLabel lbl1=new JLabel(" 号码范围：");
        add(lbl1);
        lbl1.setBounds(10, 10, 80, 20);
        // 文本框中显示主窗口中属性的默认值
        txtNumberBegin = new JTextField(" " + winLottery.getNumBegin());
        add(txtNumberBegin);
        txtNumberBegin.setBounds(90, 10, 30, 20);

        JLabel lbl2=new JLabel("~");
        add(lbl2);
        lbl2.setBounds(120, 10, 10, 20);

        txtNumberEnd = new JTextField(" " + winLottery.getNumEnd());
        add(txtNumberEnd);
        txtNumberEnd.setBounds(130, 10, 30, 20);

        JLabel lbl3=new JLabel(" 中奖数量：");
        add(lbl3);
        lbl3.setBounds(10, 30, 80, 20);

        txtNumWinner = new JTextField(" " + winLottery.getNumWinner());
        add(txtNumWinner);
```

```java
        txtNumWinner.setBounds(90, 30, 30, 20);

        JButton btnOK=new JButton(" 确定 ");
        add(btnOK);
        btnOK.setBounds(110, 60, 60, 20);
        BtnOKListener okListener = new BtnOKListener();
        okListener.setWinLottery(winLottery);
        okListener.setWinSet(this);
        btnOK.addActionListener(okListener);

        setVisible(true);
    }
    // 属性的 getter 和 setter 方法
    //...
}
```

6. 菜单事件监听器

```java
public class MnuSetListener implements ActionListener {
    private WinLottery winLottery;
    public void actionPerformed(ActionEvent ae) {
        WinSet winSet = new WinSet();
        winSet.setWinLottery(winLottery);
        winSet.init();
    }
    // 属性的 getter 和 setter 方法
    //...
}
```

7. 设置窗口的确定事件

```java
public class BtnOKListener implements ActionListener {
    private WinLottery winLottery;
    private WinSet winSet;
    @Override
    public void actionPerformed(ActionEvent e) {
        int numBegin = Integer.parseInt(winSet.getTxtNumberBegin().getText());
        winLottery.setNumBegin(numBegin);
        int numEnd = Integer.parseInt(winSet.getTxtNumberEnd().getText());
        winLottery.setNumEnd(numEnd);
        int numWinner = Integer.parseInt(winSet.getTxtNumWinner().getText());
        winLottery.setNumWinner(numWinner);
        winSet.dispose();
    }
    // 属性的 getter 和 setter 方法
    //...
}
```

8. 显示待抽奖号码的线程

```java
public class ThreadChanging extends Thread {
    private WinLottery winLottery;
    // 是否暂停号码的变化
    private boolean pause = true;
    // 抽奖是否结束
    private boolean finish = false;
    @Override
    public void run() {
        int b = winLottery.getNumBegin();
        int e = winLottery.getNumEnd();
        while(!finish) {
            try {
                sleep(10);// 价格休眠
            }catch(Exception ex) {}
            if(!pause) {
                // 生成随机数，并转换为字符串
                String rnd = b + new Random().nextInt(e-b+1)+" ";
                // 前边补 "0"，转换为固定长度的串
                while(rnd.length()<(e+" ").length()) {
                    rnd = "0" + rnd;
                }
                // 如果没有出现在已中奖号码中，则这个号码可用，显示到主窗口的标签中
                if(winLottery.getWinners().indexOf(rnd) < 0) {
                    winLottery.getLblNumber().setText(rnd);
                }
            }
        }
    }
    // 属性的 getter 和 setter 方法
    //...
}
```

9. 主窗口的按键事件处理

```java
public class SpaceListener implements KeyListener {
    private WinLottery winLottery;
    private ThreadChanging changing;
    public void keyPressed(KeyEvent ke) {
        // 如果按了空格键，且抽奖没有结束
        if(ke.getKeyChar() == KeyEvent.VK_SPACE && !changing.isFinish()) {
            // 启动线程（只启动一次）
            if(!changing.isAlive()) changing.start();
            // 显示主窗口中的号码标签
            winLottery.getLblNumber().setVisible(true);
```

```
                // 抽奖的暂停与非暂停状态切换
                changing.setPause(!changing.isPause());
                if(changing.isPause()) {// 如果转换到暂停状态，则说明抽到一个号码
                    // 此时主窗口的标签上的内容就是中奖号码
                    // 注意：标签的标题中 '\n' 等字符是无效的，只能以 HTML 格式的字符串使用 <br> 标记来对文字换行，同样，空格应该使用   表示
                    winLottery.setWinners(winLottery.getWinners() + winLottery.getLblNumber().getText() + "  ");
                    winLottery.getLblWinners().setText("<html> 中奖号：<br>"+ winLottery.getWinners()+"</html>");
                    // 已中奖数 +1
                    winLottery.setNumGet(winLottery.getNumGet()+1);
                    if(winLottery.getNumGet()==winLottery.getNumWinner()) {
                        winLottery.getLblTip().setText(" 抽奖结束 ");
                        changing.setFinish(true);
                    }else {
                        winLottery.getLblTip().setText(" 按空格键继续 ");
                    }
                }else {
                     winLottery.getLblTip().setText(" 按空格键抽取第 "+ (winLottery.getNumGet()+1) +" 个号码 ");
                }
            }
        }
    }
    // 属性的 getter 和 setter 方法
    //...
}
```

任务 3　设计俄罗斯方块游戏程序

任务概述

编制一个俄罗斯方块游戏程序。要求：

1）方块形状共 7 种。

2）网格共 20 行 10 列，界面中提示下一个形状，显示积分和等级，如图 9-5 所示。

3）通过键盘的方向键控制形状在网格中的位置或旋转（逆时针）。

4）形状自动向下掉落（等级越高，速度越快），当不能继续掉落时，进行消行操作（如果一行中的 10 个格子都有形状存在，则可以消除，消除时上方所有行中的形状向下平移），一次消 1 行得分 100，2 行得分 300，3 行得分 600，4 行得分 1000。积分每满 3000，等级加 1。等级每增加 1，自动掉落等待时间减少 20ms（等待时间最初为 500ms，最少不低于 200ms）。

5）当某个形状处于上 3 行中，且不能自动掉落，则认为游戏结束。

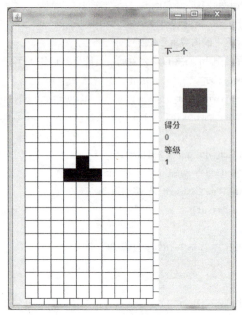

图 9-5　俄罗斯方块游戏

任务分析

1．形状设计

俄罗斯方块游戏中的形状（Shape）有 7 种，如图 9-6 所示。

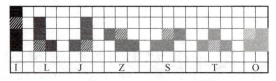

图 9-6　俄罗斯方块游戏中的 7 种形状

使用整型的 kind 属性来表示形状的种类，取值 1～7 分别对应 I、L、J、Z、S、T、O 中的一种。

在俄罗斯方块游戏中，每种形状都应该具有如下功能：

1）移动（move）。可以是向下、向左、向右、向上移动，4 个方向分别使用 0、-1、1、2 表示。向上移动并不是游戏中应该提供的移动功能，它作为向下移动的反操作，用于向下移动的取消。

2）旋转（rotate）。可以进行顺时针和逆时针两种方向的旋转。游戏只要求能够逆时针旋转，而顺时针旋转作为其相反的操作，用于旋转的取消。

3）初始化（init）。随机设置形状的种类，并根据种类设置 4 个小方块的相对坐标。

4）测试是否能够移动（canMove）。

5）测试是否能够旋转（canRotate）。

定义一个接口 ShapeOperate，其中包含 5 个抽象方法，通过接口来定义形状的操作规范：

```
package tetris;
public interface ShapeOperate {
    /**
     * 移动
     * @param direction：0 向下，-1 向左，1 向右，2 向上
     */
    public void move(int direction);
    /**
     * 旋转
     * @param direction：0 逆时针，1 顺时针
     */
    public void rotate(int direction);
    public void init();
    public boolean canMove(int direction);
    /**
     * 游戏只提供逆时针转换操作
     * @return
     */
    public boolean canRotate();
}
```

无论哪一种形状都是由 4 个小方块构成。如果以斜线小方块视为各形状的中心或基准点，则可以确定每个形状的 4 个小方块的相对位置。使用 4×2 的二维数组，以表示 4 个小方块的相对坐标。

另外，还需要表示中心点的绝对位置行号、列号：（r，c），这样就可以计算得到每个小方块的绝对位置。

形状类应该包含以下属性：

1）private int r,c; 表示形状的中心位置（在网格中所处的行号和列号）。

2）private int kind; 表示形状的种类；

3）private int[][]blocks; 表示一个含有 4 行 2 列的二维数组，用于表示形状中 4 个小方块相对于形状中心的相对行列位置。

形状类还应该包含以下方法：

1）move(int direction) 表示移动，使用整数表示移动的方向。

2）rotate(int direction) 表示旋转，整数表示旋转方向。

3）init() 表示初始化，随机设置形状的种类（kind），并确定中心位置以及各小方块的相对位置。

4）addToCell(cells) 表示将形状合成到网格模型中，比如，移到了新的位置，就应该先合成再显示。

5）removeFromCell(cell) 表示将形状从网格模型中删除，比如，位置将要改变，就应该先从网格中删除。

6）canMove(direction, cells) 表示判断在网格中能否按指定方向移动。

7）canRotate(cells) 表示判断在网格中能否进行逆时针旋转。

Shape 类的定义如下：

```java
package tetris;
import java.util.Random;
/**
 * 实现了 ShapeOperate 接口
 * @author ljf
 */
public class Shape implements ShapeOperate {
    private int kind=1;//1～7 分别对应 I、L、J、Z、S、T、O 中的一种
    private int r=0, c=0;// 中心小方块的行列号
    //4 个小方块相对于中心点的位置，blocks[i][0]、blocks[i][1] 分别表示第 i 个小方块的行、列偏移量
    private int[][] blocks;//=new int[4][2];
    /**
     * 向下、向左、向右、向上移动，4 个方向分别使用 0、-1、1、2 表示
     */
    public void move(int direction) {
        if(direction==0) {
            // 向下移动，约定行号由上向下递增
            for(int i=0; i<4; i++) blocks[i][0]++;
        }
        if(direction==2) {
            for(int i=0; i<4; i++) blocks[i][0]--;
        }
        if(direction==-1) {
            // 向左移动，约定列号由左向右递增
            for(int i=0; i<4; i++) blocks[i][1]--;
        }
        if(direction==1) {
            // 向右移动，约定列号由左向右递增
            for(int i=0; i<4; i++) blocks[i][1]++;
        }
    }

    /**
     * 旋转，0 逆时针，1 顺时针
     * 坐标系中点 (x,y) 绕原点逆时针旋转 90 度后的新点为 (y, -x)
     * 坐标系中点 (x,y) 绕原点顺时针旋转 90 度后的新点为 (-y, x)
     */
    public void rotate(int direction) {
        int t;
        if(direction==0) {
            for(int i=0; i<4; i++) {
                t=blocks[i][0];
```

```java
                blocks[i][0]=blocks[i][1];
                blocks[i][1]=-t;
            }
        }else {
            for(int i=0; i<4; i++) {
                t=blocks[i][0];
                blocks[i][0]=-blocks[i][1];
                blocks[i][1]=t;
            }
        }
    }

    public void init() {
        // 设置 kind 为 1～7 中的随机整数
        kind=1 + new Random().nextInt(7);
        // 根据种类设置 4 个小方块的相对位置
        if(kind==1) blocks=new int[][] {{-1,0},{0,0},{1,0},{2,0}};
        if(kind==2) blocks=new int[][] {{-2,0},{-1,0},{0,0},{0,1}};
        if(kind==3) blocks=new int[][] {{-2,0},{-1,0},{0,0},{0,-1}};
        if(kind==4) blocks=new int[][] {{0,-1},{0,0},{0,1},{1,1}};
        if(kind==5) blocks=new int[][] {{0,1},{0,0},{1,0},{-1,-1}};
        if(kind==6) blocks=new int[][] {{0,-1},{0,0},{-1,0},{0,1}};
        if(kind==7) blocks=new int[][] {{0,0},{0,1},{1,0},{1,1}};
    }

    public boolean canMove(int direction) {
        //…
        return false;
    }

    public boolean canRotate() {
        //…
        return false;
    }
}
```

2. 网格数据模型

网格共 20 行 10 列，使用一个二维 int 数组表示：

`int[][]cells=new int[20][10];`

元素为 0 表示对应网格中没有形状存在。

3. 形状的初始化

初始化主要是为 kind 确定随机值，并根据形状的种类来确定中心位置和各小方块的相对位置，如：

```
// 设置 kind 为 1～7 中的随机整数
kind=1 + new Random().nextInt(7);
// 根据种类设置 4 个小方块的相对位置
if(kind==1) {
    blocks=new int[][] {{-1,0},{0,0},{1,0},{2,0}};
    r=1; c=4;
}
```

4．形状的移动

一个形状在网格中的移动方向有上、下、左、右 4 种。事实上，能看到或者能控制的移动方向只有下、左、右 3 种，之所以增加向上移动，是为了方便后面的可移动判断。

使用 0、–1、1、2 分别表示向下、向左、向右、向上移动，因为形状中每个小方块都是使用相对于中心的量来表示的，所以只需要改变中心位置（r、c 两个属性）即可实现移动功能。代码如下：

```
/**
 * 向下、向左、向右、向上移动，4 个方向分别使用 0、-1、1、2 表示
 */
public void move(int direction) {
    if(direction==0) {
        // 向下移动，中心的行号 +1
        r++;
    }
    if(direction==2) {
        r--;
    }
    if(direction==-1) {
        // 向左移动，中心的列号 +1
        c--;
    }
    if(direction==1) {
        // 向左移动，中心的列号 -1
        c++;
    }
}
```

5．形状的旋转

形状的旋转有逆时针和顺时针两种旋转方向，而游戏中的形状只允许绕中心点逆时针旋转，增加顺时针方向是为了方便后面的可旋转判断。

在网格中，如果某个小方块相对于形状中心（也是旋转的中心）的坐标为（x，y），则逆时针旋转 90°后新的坐标为（y，–x），而顺时针旋转 90°后新的坐标为（–y，x）。旋转的代码如下：

```
public void rotate(int direction) {
    int t;
    if(direction==0) {
        for(int i=0; i<4; i++) {
```

```
            t=blocks[i][0];
            blocks[i][0]=blocks[i][1];
            blocks[i][1]=-t;
        }
    }else {
        for(int i=0; i<4; i++) {
            t=blocks[i][0];
            blocks[i][0]=-blocks[i][1];
            blocks[i][1]=t;
        }
    }
}
```

6．形状合成到网格模型

可以根据形状的中心位置、小方块的相对位置，计算得到各个小方块在网格中的绝对位置，将网格的相应元素赋值 1，即可完成合成操作。

```
/**
 * 将形状合成到网格中
 * @param cells
 */
public void addToCells(int[][] cells) {
    for(int i=0; i<4; i++) {
        // 计算每个小方块的行号（绝对位置）
        int a=r + blocks[i][0];
        // 计算每个小方块的列号（绝对位置）
        int b=c + blocks[i][1];
        // 如果位置是有效的，则合成
        if(a>=0 && a<=19 && b>=0 && b<=9) {
            cells[a][b] = 1;
        }
    }
}
```

7．从网格模型中删除形状

这种方法与合成操作的区别是：将网格模型的元素赋值 1 是合成，赋值 0 则是删除。

8．可移动判断

可移动判断只是一种移动测试，并不表示真正的移动。判断的算法是：

1）将自己从网格中删除（删除的目的是防止自己挡住自己）。

2）向某个方向移动。

3）计算 4 个小方块的绝对坐标，然后判断绝对坐标是否在有效范围内（行号 0 ～ 19，列号 0 ～ 9），绝对坐标对应的网格模型的元素是否为 0，这些都满足则表示可以向某个方向移动；否则不可以。

4）执行某个方向的反向移动。

5）将自己重新合成到网格模型中。

```java
public boolean canMove(int direction, int[][] cells) {
    removeFromCells(cells);// 先从网格中删除自己，防止自己挡住自己
    boolean can = true;
    move(direction);
    for(int i=0; i<4; i++) {
        int a=r + blocks[i][0];
        int b=c + blocks[i][1];
        if(a<0 || a>19 || b<0 || b>9 || cells[a][b] > 0) {
            can = false;
            break;
        }
    }
    // 反旋转，恢复到原来的样子
    if(direction==0) move(2);
    if(direction==-1) move(1);
    if(direction==1) move(-1);
    if(direction==2) move(0);
    addToCells(cells);// 在网格中恢复自己
    return can;
}
```

9．可旋转判断

算法为：

1）将自己从网格中删除。

2）逆时针旋转。

3）计算 4 个小方块的绝对坐标，然后判断绝对坐标是否在有效范围内（行号 0 ～ 19，列号 0 ～ 9），绝对坐标对应的网格模型的元素是否为 0，这些都满足则表示可以旋转；否则不可以。

4）顺时针旋转。

5）将自己重新合成到网格模型中。

10．游戏过程的键盘控制

（1）移动或旋转

游戏中通过 4 个方向键控制形状的移动或旋转，如向下键的处理：

```java
if(ke.getKeyCode() == KeyEvent.VK_DOWN) {
    // 如果可以向下移动
    if(Global.curShape.canMove(0, Global.cells)) {
        // 先从网格中删除形状
        Global.curShape.removeFromCells(Global.cells);
        Global.curShape.move(0);// 向下移动
        // 合成到网格中
        Global.curShape.addToCells(Global.cells);
        // 根据新的网格模型，刷新显示
        Global.gp.repaint();
    }
}
```

（2）暂停与继续

按空格键，游戏在运行和暂停状态之间切换：

```
if(ke.getKeyCode() == KeyEvent.VK_SPACE) {
    // 暂停变量取反
    Global.pause = !Global.pause;
    if(Global.pause) {
        // 如果是暂停状态，则显示"暂停"提示
        Global.gp.repaint();
    }
}
```

11．整行判断与消行

当形状不能继续向下掉落时，需要判断有没有整行可以消除。判断的方法是从第 19～0 行递减顺序，如果某一行全部为 1，则它是一个整行，此时需要将它消行（依次把它上面的所有行对应的元素向下赋值），且继续此行的判断。最后根据消行的数量来确定积分数、等级、自动掉落的等待时间等，并产生一个新的形状从上边开始掉落。

12．形状的自动掉落

游戏中同时存在两个形状：当前形状和下一个形状。当游戏开始时，应该创建当前形状和下一个形状，其中下一个形状用于提示。当前形状不能继续掉落时，将下一个形状赋给当前形状，再创建新的下一个形状。

使用线程实现自动掉落与控制，线程中的睡眠时间越短，表示游戏速度越快。

```
public class ThreadFalling extends Thread {
    public void run() {
        try {
            while(true) {
                sleep(Global.timeSleep);// 睡眠时间由游戏等级决定
                // 如果游戏结束或暂停，则不执行后面的代码
                if(Global.gameOver || Global.pause) continue;
                if(Global.curShape ==null) {// 如果当前形状不存在，则游戏刚开始
                    Global.curShape = new Shape();// 创建当前形状
                    Global.curShape.init();

                    Global.nextShape = new Shape();// 创建下一个形状
                    Global.nextShape.init();
                    Global.np.repaint();
                }
                // 如果能够掉落，则向下移动
                if(Global.curShape.canMove(0, Global.cells)) {
                    Global.curShape.removeFromCells(Global.cells);
                    Global.curShape.move(0);
                    Global.curShape.addToCells(Global.cells);
                    Global.gp.repaint();
                }else {// 不能掉落
                    // 消行
                    int rows=0;
```

```java
            for(int i=19; i>=0; i--) {
                int re=1;
                // 判断是否整行都是大于 0
                for(int j=0; j<10; j++) {
                    re =re * Global.cells[i][j];
                }
                if(re>0) {
                    rows++;
                    for(int k=i-1; k>=0; k--) {
                        for(int j=0; j<10; j++) {
                            // 上一行 10 个元素向下赋值
                            Global.cells[k+1][j]=Global.cells[k][j];
                            Global.cells[k][j]=0;// 上一行清 0
                        }
                    }
                    i++;// 消了一行,还要再次判断本行
                }
            }
            // 根据消除的行数确定积分
            Global.score+=new int[] {0, 100, 300, 600, 1000}[rows];
            // 在标签组件中显示得分
            Global.lblScore.setText(Global.score+" ");
            // 根据得分计算等级
            Global.grade = Global.score/3000 +1;
            // 显示等级
            Global.lblGrade.setText(Global.grade+" ");
            // 根据等级计算等待时间
            Global.timeSleep =500 - 20*Global.grade;
            if(Global.timeSleep<100) Global.timeSleep=100;
            // 判断形状是否堆积到上 3 行,以判断游戏是否结束
            if(rows==0 && Global.curShape.getR()<=2) {
                Global.gameOver = true;
                Global.gp.repaint();
            }
            // 将下一个形状赋给当前形状
            Global.curShape = Global.nextShape;
            // 产生新的下一个形状
            Global.nextShape = new Shape();
            Global.nextShape.init();
            Global.np.repaint();
        }
    }
    }catch(Exception e) {e.printStackTrace();}
  }
}
```

参 考 文 献

[1] 霍斯特曼，科奈尔. Java 2 核心技术，卷 I：基础知识 [M]. 叶乃文，等译. 北京：机械工业出版社，2006.
[2] 田淋风，等. Java 程序设计 [M]. 长春：吉林大学出版社，2015.